WAR AND EMPIRE

林靖遠 著

戰火與帝國

歷史上的關鍵戰役

從帝國的崛起到殖民的殞落，每場戰爭都是改寫世界的關鍵一役
槍火之下不只是勝敗，而是人類命運與文明走向的重大轉折

目錄

第一部分：
古代世界的戰爭與帝國的興衰⋯⋯⋯⋯⋯⋯⋯⋯⋯⋯⋯005

第二部分：
宗教、民族與帝國的衝突⋯⋯⋯⋯⋯⋯⋯⋯⋯⋯⋯⋯047

第三部分：
中世紀的封建戰爭與國家形成⋯⋯⋯⋯⋯⋯⋯⋯⋯⋯085

第四部分：
歐洲近代戰爭的共同特性與影響分析⋯⋯⋯⋯⋯⋯⋯113

第五部分：
革命與民族主義戰爭的崛起⋯⋯⋯⋯⋯⋯⋯⋯⋯⋯⋯167

第六部分：
拿破崙戰爭與歐洲秩序的重組⋯⋯⋯⋯⋯⋯⋯⋯⋯⋯197

目錄

第七部分：
19世紀的民族獨立與殖民衝突 ……………………… 217

第八部分：
帝國主義時代的戰爭與殖民主義的衝突 ……………… 269

第一部分：
古代世界的戰爭與帝國的興衰

導讀

戰爭的共同特色

1. 領土與資源的爭奪

這些戰爭的根本原因多數源於對土地、資源及貿易路線的競爭。例如，古埃及與西臺的敘利亞戰爭，是為了控制連接亞、非、歐的商貿樞紐；羅馬與迦太基的布匿戰爭，則是爭奪地中海西部的霸權。高盧戰爭與羅馬內戰，則與擴大統治範圍和鞏固統治權有關。

2. 軍事技術與戰略戰術的革新

這些戰爭推動了軍事戰術的發展。例如．

- **埃及與西臺的戰爭** 展現了古代戰車戰術的高超運用，西臺利用伏擊戰削弱埃及軍力，而埃及則依賴強大的戰車部隊反擊。

- **亞述帝國的軍事擴張** 促成了鐵器技術的廣泛應用，使軍隊裝備與攻城技術更加先進。
- **希臘與波斯戰爭** 突顯了以少勝多的戰術，如雅典在馬拉松戰役中以密集陣形擊退波斯大軍，薩拉米斯海戰則展現了海軍戰術的重要性。
- **布匿戰爭** 中，漢尼拔以合圍戰術在坎尼戰役重創羅馬，而羅馬則開發了接舷戰術，使得步兵在海戰中也能發揮作用。

3. 長期戰爭導致的經濟與社會變遷

長時間的戰爭通常會導致經濟衰退、社會動盪。例如：

- **伯羅奔尼撒戰爭** 使希臘城邦經濟崩潰，導致長期內亂，最終讓馬其頓趁勢崛起。
- 布匿戰爭結束後，羅馬境內出現農民大量破產的情況，大型莊園制與奴隸勞動的擴張，逐漸取代了自耕農的經濟地位，對社會結構產生重大衝擊。貴族與平民之間的利益衝突日益激化，進一步動搖了共和制度的穩定基礎。
- **斯巴達克斯起義** 是對奴隸制度的直接反抗，雖然失敗，卻促成了羅馬奴隸制度的轉變。

4. 戰爭結束後，政治格局的重塑

戰爭的勝負往往決定了未來的世界格局。例如：

- 希波戰爭的勝利，確立了希臘城邦的獨立地位，並推動希臘文化向外擴展。
- 亞歷山大大帝的遠征，直接促成希臘化時代的來臨，東西方文化開始融合。
- 布匿戰爭後，羅馬成為地中海的霸主，開啟了帝國時代。
- 羅馬與波斯長達四世紀的戰爭，削弱了雙方，讓阿拉伯帝國得以迅速崛起。

戰爭對後世的影響

1. 促進帝國擴張與文化融合

戰爭不僅影響了當時的軍事與政治，還促進了文化的融合。例如：

- 亞歷山大的遠征帶來了希臘化時代，希臘語成為地中海與中亞的通用語言，東方的藝術、科學與哲學也開始與西方交流。
- 羅馬的擴張，使拉丁文化傳播至整個地中海世界，成為日後歐洲文明的基礎。
- 羅馬與波斯的長期對抗，使東西方技術與知識不斷交流，影響了後來的伊斯蘭文明與歐洲中世紀發展。

2. 軍事技術的進步,影響後世戰爭模式

這些戰爭發展出的軍事技術與戰略,成為後世軍隊借鑑的對象。例如:

- ❖ 馬其頓方陣與重騎兵戰術,影響了後來歐洲與伊斯蘭世界的軍事戰法。
- ❖ 羅馬軍團的靈活性與工程能力,為後來的歐洲軍事制度奠定了基礎。
- ❖ 波斯與拜占庭的攻城技術與間諜戰術,在後來的十字軍東征與伊斯蘭軍隊戰爭中廣泛應用。

3. 政治制度的變革

戰爭也影響了政治制度的演變,例如:

- ❖ 羅馬內戰使共和體制崩潰,帝制取而代之,成為日後帝國政治模式的典範。
- ❖ 希臘城邦的衰落,促成了馬其頓與後來羅馬帝國的中央集權制度。
- ❖ 斯巴達克斯起義雖然失敗,但對奴隸制度形成了巨大衝擊,促成了日後封建農奴制的發展。

4. 對經濟與社會結構的影響

長期戰爭通常會影響經濟模式與社會結構。例如:

- ❖ 布匿戰爭後,羅馬奴隸制經濟迅速擴展,但導致土地兼併

與社會不平等加劇,最終催生內戰與帝制的建立。
- 伯羅奔尼撒戰爭導致希臘城邦經濟崩潰,城市人口減少,使希臘無法抵抗馬其頓的統一。
- 羅馬與波斯的長期戰爭,耗盡了雙方國力,最終導致阿拉伯帝國趁勢崛起。

戰爭是文明發展的催化劑

這些戰爭雖然帶來毀滅與破壞,但也促成了文明的發展與變革:

- **政治變遷**:從城邦政治到帝國中央集權,戰爭重塑了國家治理模式。
- **軍事技術革新**:戰術與軍備的進步,使後世的軍事戰略更加成熟。
- **文化與經濟影響**:戰爭導致人口遷徙、文化融合,影響了世界文明的發展方向。

歷史證明,戰爭雖然殘酷,但它是人類社會變革與進步的重要推動力。這些古代戰爭不僅塑造了當時的世界秩序,也深刻影響了後來的歷史發展,為現代軍事、政治與社會提供了寶貴的借鑑。

第一部分：古代世界的戰爭與帝國的興衰

01 古埃及與西臺的敘利亞爭霸戰

兵法分析

　　卡迭石之戰中，拉美西斯二世誤信假情報、孤軍深入，導致被西臺伏擊，表現出情報工作的重要性，印證了《孫子兵法》「知己知彼，百戰不殆」的主張。此戰過程中，埃及軍隊因應突發局勢迅速調整戰術，憑藉援軍的及時趕到穩住戰局，這反映了孫子所提的「兵無常勢，水無常形」，強調靈活應變的策略。西臺利用戰車伏擊與正面作戰相結合，屬於「以正合，以奇勝」的戰術運用，顯示了奇正變化的效果。同時，雙方長期爭奪敘利亞地區，付出巨大資源與人力成本，最終以和平條約告終，反映出孫子強調的「主不可以怒而興師」理念，警示過度執著領土競爭將帶來巨大消耗與內耗的危險性。

敘利亞地區的重要性

　　古代敘利亞地區位於亞非歐三大洲交會處，是重要的商業貿易樞紐。該地區自古以來即為列強競爭之地，特別是在青銅時代，古埃及與西臺為爭奪該地的控制權，爆發了長達數十年的戰爭。

01 古埃及與西臺的敘利亞爭霸戰

西臺的崛起與埃及的回應

早在西元前三千年,埃及曾多次出兵敘利亞,試圖鞏固其勢力範圍。然而,到了西元前 14 世紀,西臺趁埃及國內陷入宗教改革的時期迅速崛起。在國王蘇皮盧利烏馬斯的統領下,西臺逐步控制了敘利亞的大片土地,嚴重威脅埃及的利益。至西元前 1290 年,埃及第十九王朝的法老拉美西斯一世即位後,決心重整軍力,恢復埃及在敘利亞的統治權。其子拉美西斯二世繼位後,繼續推行擴張政策,組建強大的軍隊,積極備戰。

卡迭石之戰 —— 古代史上的經典戰役

西元前 1286 年,埃及率先出兵,占領了敘利亞南部的貝魯特與比布魯斯。翌年四月,拉美西斯二世親率四大軍團出征,進軍卡迭石。此戰役成為古代軍事史上最早有詳細文字記載的戰爭之一。

當埃及軍隊抵達卡迭石時,西臺國王穆瓦塔爾已事先部署兵力,並策劃以伏擊戰削弱埃及軍隊的戰力。拉美西斯二世誤信西臺間諜的假情報,孤軍深入,最終陷入西臺軍隊的包圍。西臺軍隊利用數千輛戰車發動猛烈攻勢,迫使埃及軍隊陷入混亂。然而,拉美西斯二世憑藉機智的指揮和及時趕到的援軍,最終得以扭轉戰局,雙方戰至黃昏,最終戰況陷入僵持。

第一部分：古代世界的戰爭與帝國的興衰

戰爭的後續影響

卡迭石之戰後，埃及與西臺的戰爭仍持續長達 16 年。雙方互有攻防，但都未能取得決定性的勝利。最終，雙方因長期戰爭造成的消耗無力再戰，於西元前 1269 年簽訂了和平條約，這也是人類歷史上最早有文字記載的國際條約之一。條約內容包括永久和平協議、軍事互助以及逃亡者引渡條款。此外，西臺國王將自己的女兒嫁給拉美西斯二世，藉由政治聯姻加強兩國的關係。

戰爭的影響與歷史意義

埃及與西臺的戰爭代表著古代中東地區勢力的激烈競爭。拉美西斯二世雖成功維持埃及的軍事實力，但戰爭消耗了大量資源，使埃及無法長期控制亞洲屬土。而西臺在戰後不久也因內部經濟基礎不穩而開始衰落，最終於西元前 13 世紀末被「海上民族」與亞述所滅。

這場戰爭不僅影響了古埃及與西臺兩大強權的命運，也為後世提供了關於古代國際關係、戰略戰術及外交條約的寶貴案例。卡迭石之戰的記錄，使我們得以深入了解青銅時代的軍事文化與國際關係，成為歷史研究的重要參考依據。

02 亞述帝國的軍事擴張與影響

兵法分析

亞述在其崛起階段運用了許多兵法理念，例如「勢者因利而制權也」，他們精通地理優勢，善於利用鐵器技術改革軍備，建立常備軍，使其軍事力量遠勝同時代其他國家。此外，亞述的攻城與工程部隊展現了「攻其不備，出其不意」的戰術思想，在戰場上能迅速擊潰防禦薄弱的敵人，擴張版圖。然而，亞述的戰爭模式過於依賴武力征服，缺乏持久穩定的內部治理。這反映了孫子所言「非利不動，非得不用」，亞述頻繁的戰爭和高壓統治激起了內外反抗，最終因「用兵之道，無恃其不來，恃吾有以待之」的缺失而滅亡。他們未能有效管理被征服的領土與人民，無法形成穩固的後勤與資源體系，最終在內外交困下瓦解，正應了兵法中「善守者，藏於九地之下」的道理，過於暴力與擴張反而暴露自身弱點。

亞述的興衰表明，兵法強調的「慎戰、知己知彼、謀定而後動」依然適用於任何時代。依賴單一軍事手段難以長久維持國家穩定，真正的強盛必須結合內政、經濟與文化的發展，以避免「窮兵黷武」帶來的覆亡命運。

第一部分:古代世界的戰爭與帝國的興衰

亞述的地理與民族背景

亞述位於今日伊拉克北部的美索不達米亞地區,境內有底格里斯河與幼發拉底河,並受到札格羅斯山與敘利亞草原的環繞。這種地理環境使亞述在歷史上成為貿易與戰略重地,也導致它經常受到周邊民族的侵擾。亞述最早的居民為胡里特人,後來與來自阿拉伯半島的閃米特人融合,形成亞述民族。

軍事擴張與鐵器時代的軍隊改革

亞述是一個高度軍事化的國家,其統治者將戰爭視為神的旨意,並不斷進行軍事擴張。從西元前 9 世紀開始,亞述王亞述那西爾帕二世與薩爾瑪那薩爾三世分別發動多次征戰,逐步控制敘利亞與美索不達米亞北部。至西元前 8 世紀,亞述利用鐵器技術革新了軍隊裝備,建立了規模龐大的常備軍,包括戰車兵、騎兵、步兵、攻城部隊與工兵,成為當時中東地區最強大的軍事力量。

大規模征服與殘暴統治

亞述統治者透過武力建立龐大帝國,並以殘酷手段統治被征服地區。西元前 8 世紀,亞述王提格拉特帕拉沙爾三世發動連續戰爭,征服米底、敘利亞、腓尼基及巴勒斯坦地區。西元

前 7 世紀，薩爾貢二世與其繼任者更是大舉進攻埃及與巴比倫，將亞述勢力擴展至尼羅河流域。然而，亞述的暴政與殘酷手段引發各地頻繁的反抗，最終削弱了其統治基礎。

亞述的滅亡與歷史影響

　　長期的戰爭與高壓政策導致亞述帝國內部經濟衰敗，國力逐漸耗盡。西元前 7 世紀末，米底人與迦勒底人聯合反抗，並於西元前 612 年攻陷首都尼尼微，亞述王自焚，帝國滅亡。亞述的滅亡代表著中東軍事霸權的轉移，其戰爭機器與擴張政策卻影響深遠，包括波斯與羅馬等後來的強權均借鑑其軍事體制與征服策略。

　　亞述雖曾是中東最強大的軍事帝國，但過度依賴武力、缺乏穩定的治理模式，最終導致國家衰敗。其歷史教訓提醒後世，僅靠軍事力量難以維持長久的國家穩定，真正的強盛需建基於經濟與文化的發展。

03 美塞尼亞戰爭：
斯巴達霸權下的反抗與掙扎

兵法分析

美塞尼亞戰爭反映了斯巴達在戰略上的長處與短處。斯巴達憑藉嚴密的軍事制度和希臘城邦聯盟的支援，展現出「兵貴精不貴多」的實力，能有效鎮壓叛亂並擴大領土。然而，過度依賴「希洛人」的經濟體制，讓斯巴達的戰爭潛力受限，反映了兵法中「非利不動，非得不用」的原則。每次戰爭的長期化與反覆爆發的起義顯示斯巴達對民心掌控不足，違背了「上下同欲者勝」的道理。第三次美塞尼亞戰爭後，斯巴達讓步，允許反抗者遷居，實際上是其軍事優勢被削弱的象徵。這場持續三個世紀的衝突證明，僅憑武力壓迫難以持久，唯有穩定內政、深思長策，才能真正鞏固霸權地位。

戰爭背景與斯巴達的軍事制度

美塞尼亞位於伯羅奔尼撒半島西南部，以肥沃的土地著稱，與鄰近的斯巴達形成鮮明對比。斯巴達是一個高度軍事化的城邦，透過嚴格的軍事訓練與寡頭貴族統治建立起強大的軍事國家體制。其經濟模式依賴於國家奴隸「希洛人」的勞動，以確保斯巴達公民能夠全身心投入軍事生活。由於斯巴達日益壯

03 美塞尼亞戰爭：斯巴達霸權下的反抗與掙扎

大的軍事與經濟需求，它開始將擴張的目光投向美塞尼亞，引發了長達三個世紀的美塞尼亞戰爭。

第一次美塞尼亞戰爭（約西元前 740～前 720 年）

斯巴達藉口邊境衝突發動戰爭，試圖徹底征服美塞尼亞。然而，由於美塞尼亞人的頑強抵抗，戰爭持續了超過十年。美塞尼亞軍隊雖然多次成功擊退斯巴達的進攻，但最終因國力耗竭、糧食短缺而敗北。美塞尼亞成為斯巴達的附庸，大片土地落入斯巴達貴族手中，美塞尼亞人則被奴役，成為「希洛人」。

第二次美塞尼亞戰爭（約西元前 660～前 645 年）

六十年後，美塞尼亞人在青年領袖阿里斯托梅尼斯的帶領下再度掀起大規模起義。他們與阿卡迪亞等城邦聯合，連續數年對斯巴達軍隊造成沉重打擊。然而，斯巴達在希臘其他城邦的援助下最終鎮壓了起義。戰後，美塞尼亞完全被併入斯巴達的領土，所有美塞尼亞人被視為奴隸，斯巴達的軍事統治進一步加強。

第三次美塞尼亞戰爭（約西元前 464～前 453 年）

西元前 464 年，斯巴達發生強烈地震，希洛人趁機發動起義，迅速席捲整個伯羅奔尼撒半島。斯巴達軍隊雖然經過多年鎮壓，仍無法徹底平息反抗，最終在希臘各邦的壓力下，同

意讓美塞尼亞人遷居義大利的西西里島，建立自己的城邦墨西拿。這場戰爭代表著斯巴達首次在奴隸問題上作出讓步，也削弱了其軍事力量。

美塞尼亞戰爭的影響與歷史意義

美塞尼亞戰爭展現了被征服者的頑強抵抗精神。雖然美塞尼亞人在最初的戰爭中失敗，但後續的起義對斯巴達造成巨大打擊，動搖了其軍事體制的穩定。這場戰爭不僅是古希臘史上規模最大的奴隸反抗之一，也對希臘城邦制度的發展產生了深遠影響。最終，斯巴達雖然維持了其霸權地位，但美塞尼亞人的反抗為日後希臘各邦的變革埋下了伏筆，並成為後世反抗壓迫的重要歷史範例。

04 希波戰爭：
歐亞大規模戰爭的起源與影響

戰略分析

希波戰爭展現了古希臘城邦的聯合作戰與戰略智慧。在馬拉松戰役中，雅典以靈活布陣應對數倍於己的波斯大軍，顯示了「兵貴精不貴多」的精髓；而溫泉關的抵抗則展現「以少勝

04 希波戰爭：歐亞大規模戰爭的起源與影響

多」的勇毅。薩拉米斯海戰中，希臘艦隊運用地形優勢與機動戰術，驗證了「因地制勝」的重要性。整個戰爭過程中，希臘聯軍透過分散與集中運用兵力，有效消耗敵軍，最終逼使波斯撤軍並簽訂和約，成功保衛了希臘的獨立地位。同時，這場戰爭也突顯了戰前情報、後勤支持和統一指揮的關鍵性，為後世軍事戰略提供了寶貴啟示。

希臘城邦的地理與戰爭背景

古希臘地區多山，導致各城邦彼此分隔，形成獨立的政治實體。其中，雅典與斯巴達成為最具影響力的城邦。隨著人口增加，希臘人向沿海拓展，進行殖民與貿易，但有限的農業資源促使城邦間頻繁發生衝突。波斯帝國的崛起進一步加劇了這一地區的動盪，最終導致希波戰爭的爆發。

戰爭起因與波斯的擴張

波斯帝國在大流士一世（西元前522～前486年）統治期間，成為橫跨歐、亞、非的大帝國。西元前6世紀中葉，波斯吞併小亞細亞的希臘城邦，並進一步擴張至色雷斯，威脅希臘半島的安全。西元前500年，小亞細亞的米利都城邦爆發反波斯起義，雅典與埃雷特里亞提供援助。波斯於西元前494年鎮壓起義，並藉此為由，發動對希臘本土的遠征。

馬拉松戰役（西元前 490 年）

大流士一世派遣 5 萬大軍進攻希臘，首攻埃雷特里亞後，轉向雅典，登陸馬拉松平原。雅典在未獲斯巴達援軍的情況下，以優勢戰術布陣，成功擊潰波斯軍隊。戰後，雅典士兵菲迪皮德斯長跑回城報捷，最終因體力透支而亡，此事成為後來馬拉松賽跑的由來。

溫泉關與薩拉米斯海戰（西元前 480 年）

大流士一世去世後，繼位者薛西斯一世於西元前 480 年集結 25 萬大軍，再度入侵希臘。斯巴達國王列奧尼達率 300 名斯巴達勇士堅守溫泉關，雖最終戰死，但成功延緩波斯軍隊南下。隨後，希臘艦隊在薩拉米斯海峽以靈活的戰術擊敗波斯海軍，迫使薛西斯撤退。

布拉底亞戰役與戰爭結束（西元前 479～前 449 年）

西元前 479 年，希臘聯軍在布拉底亞重創波斯陸軍，波斯戰略性撤退。戰後，雅典與希臘城邦組成「提洛同盟」，積極進攻波斯領地，奪取愛琴海與小亞細亞西岸的控制權。西元前 449 年，雙方簽訂《卡里阿斯和約》，波斯放棄對愛琴海與黑海的控制，希波戰爭正式結束。

05 伯羅奔尼撒戰爭：
希臘城邦的內戰與衰落

戰略分析

從克勞塞維茲的角度看，伯羅奔尼撒戰爭展現了「戰爭是政治的延續」的核心原則。斯巴達與雅典間的衝突本質上是政治和經濟矛盾的軍事表現，雙方無法透過外交手段化解分歧，只得以戰爭決定主導權。同時，戰爭中暴露出的資源枯竭、戰略錯誤，以及人口與經濟的雙重損耗，充分印證了克勞塞維茲對「摩擦與戰爭的不確定性」的論述。從孫子的觀點來看，雅典在西西里遠征中的失敗違背了「慎戰」的原則，其戰略決策缺乏周密謀劃，導致了災難性結果。斯巴達後期在德凱利亞戰略中顯示了「攻其無備，出其不意」的有效運用，從而奪取主動權。綜合來看，伯羅奔尼撒戰爭表明了戰略遠見、政治目標與資源分配的重要性。

戰爭背景與希臘城邦的對立

希臘城邦在經歷希波戰爭後，原本為抵禦外敵而結成的聯盟迅速分裂，形成了兩大對立勢力。雅典憑藉其強大的海軍與經濟實力，將提洛同盟轉變為自身的海上帝國，不斷擴展勢力範圍。而斯巴達則領導伯羅奔尼撒同盟，依靠其無可匹敵的陸

軍，捍衛傳統的寡頭統治，並視雅典的擴張為嚴重威脅。兩國在政治、經濟與軍事上的矛盾逐漸激化，最終引發了這場歷時 27 年的戰爭。

戰爭的爆發與初期戰況（西元前 431～前 421 年）

西元前 435 年，斯巴達盟友科林斯與其殖民地克基拉發生衝突，雅典選擇支援克基拉，激化與斯巴達的矛盾。西元前 431 年，斯巴達正式對雅典宣戰，伯羅奔尼撒戰爭爆發。斯巴達軍隊採取陸戰優勢，不斷入侵雅典周邊農村，而雅典則憑藉海軍力量騷擾斯巴達沿岸，並鼓動希洛人奴隸起義。西元前 430 年，雅典城內因人口過於集中爆發瘟疫，奪走大量人口，甚至導致雅典領袖伯里克里斯去世，使雅典陷入被動。雖然雙方數度交戰，但均未能取得決定性勝利，西元前 421 年，雙方簽訂《尼西阿斯和約》，暫時停戰。

西西里遠征與雅典的衰敗（西元前 415～前 413 年）

和平並未持續太久，雅典為擴張勢力，於西元前 415 年發動西西里遠征，試圖攻占斯巴達盟友科林斯的殖民地敘拉古。雅典動員大量艦隊與士兵，但由於戰略錯誤及將領指揮不當，最終於西元前 413 年慘敗，全軍覆沒，成為戰爭的轉折點。雅典的海上優勢逐漸喪失，而斯巴達則利用此機會強化攻勢。

斯巴達的反攻與雅典的覆滅（西元前 413～前 404 年）

西元前 413 年後，斯巴達全面進攻雅典，長期占領雅典北部的德凱利亞，徹底癱瘓其農業生產，並獲得波斯資助建造強大艦隊。西元前 405 年，斯巴達海軍在赫勒斯滂羊河戰役中殲滅雅典艦隊，隨後包圍雅典城。西元前 404 年，雅典被迫投降，解散提洛同盟，拆毀城牆，僅保留少量戰船，代表著伯羅奔尼撒戰爭的結束。

戰爭影響與希臘的衰落

伯羅奔尼撒戰爭嚴重削弱了整個希臘，導致農業崩潰、人口減少、經濟停滯，各城邦內部貧富對立加劇。雖然斯巴達成為希臘霸主，但其寡頭統治激起各邦不滿，最終在後續的戰爭中逐漸衰落。西元前 4 世紀，底比斯與雅典聯合反抗斯巴達，進一步削弱其實力。最終，希臘因長期內耗而無力抵禦外敵，西元前 338 年，馬其頓王腓力二世統一希臘，希臘城邦時代正式結束。

伯羅奔尼撒戰爭不僅改變了希臘的政治格局，也對後世軍事發展產生深遠影響。戰爭期間出現的大規模海軍對抗、城市圍攻戰術及職業軍人的發展，成為後來羅馬與歐洲軍事體系的重要參考。這場內戰證明，即便是文化與軍事高度發展的文明，若長期陷入內耗與權力鬥爭，終究難逃衰敗的命運。

第一部分：古代世界的戰爭與帝國的興衰

06 亞歷山大大帝的遠征 與希臘化時代的來臨

亞歷山大的征服展現了兵法中的「知彼知己、以正合奇」的策略思想。他將父親創立的馬其頓方陣與靈活的騎兵戰術相結合，充分發揮陣形變化的靈活性，實現「以少勝多」的奇效。在伊蘇斯和高加米拉的決戰中，他精準地運用地形，選擇在有利的戰場決戰，反映了「用兵之道，無恃其不來，恃吾有以待之」的原則。克勞塞維茲的「戰爭是政治的延續」亦能解釋亞歷山大的遠征。他不僅進行軍事征服，還致力於政治統治的鞏固與文化的傳播，使希臘化文化滲透到東方，實現了長期的影響力。從這兩個視角出發，亞歷山大的征戰代表了一種超越純軍事的全方位策略。

馬其頓的崛起與希臘的衰落

在伯羅奔尼撒戰爭削弱希臘城邦的同時，北方的馬其頓逐漸強大。腓力二世（西元前 359～前 336 年）以軍事改革和政治手腕統一馬其頓，並利用希臘城邦間的內鬥，逐步擴張勢力。西元前 338 年，他在喀羅尼亞戰役中大敗雅典與底比斯聯軍，確立了對希臘的霸權。然而，西元前 336 年，腓力二世遇刺身亡，他的兒子亞歷山大即位，年僅 20 歲。

亞歷山大的軍事改革與東征準備

亞歷山大曾師從亞里斯多德，深受希臘文化影響。他繼位後迅速鎮壓內部叛亂，並重組軍隊，使馬其頓成為當時最強大的軍事國家。他改良父親的「馬其頓方陣」，結合重裝步兵、騎兵與海軍，並強調機動戰術與速決戰。他還削弱貴族權力，加強王權，並推動經濟改革，以支撐大規模遠征。

征服波斯與帝國擴張（西元前 334～前 330 年）

西元前 334 年，亞歷山大率 3 萬步兵與 5,000 騎兵渡過達達尼爾海峽，開始遠征波斯。他在伊蘇斯戰役（前 333 年）大敗波斯軍隊，俘虜大流士三世的家人，隨後進軍埃及，被當地祭司奉為「阿蒙神之子」，並建立亞歷山大城作為戰略據點。西元前 331 年，他在高加米拉戰役徹底擊潰波斯軍，大流士三世逃亡後被部將謀殺，波斯帝國正式滅亡。

東征印度與軍隊反叛（西元前 327～前 325 年）

亞歷山大繼續向東推進，征服中亞的巴克特里亞與粟特地區，並於西元前 327 年入侵印度。他在印度河流域擊敗當地統治者波羅斯，但因士兵疲憊不堪，拒絕繼續東進，亞歷山大被迫撤軍。回程途中，他的軍隊在沙漠與疾病中遭受重創，最終於西元前 324 年返回巴比倫。

第一部分：古代世界的戰爭與帝國的興衰

亞歷山大帝國的瓦解與希臘化時代的來臨

西元前 323 年，亞歷山大在巴比倫病逝，年僅 32 歲。由於未指定繼承人，其部將之間爆發內戰，最終形成馬其頓、埃及與西亞三大王國。雖然帝國分裂，但亞歷山大的遠征促成東西方文化交流，希臘語成為地中海與中亞的通用語言，科學、哲學與藝術在各地廣泛傳播，代表著「希臘化時代」的來臨。

亞歷山大的遠征雖然充滿戰爭與掠奪，但客觀上推動了東西方文明的融合。他所建立的城市與文化機構，使希臘知識得以傳播至埃及與中亞，對後世的學術與科技發展影響深遠。這場遠征，不僅改變了地理與政治版圖，也奠定了西方文明的發展基礎，成為歷史上最具影響力的軍事征服之一。

07 布匿戰爭：羅馬與迦太基的霸權之爭

戰略分析

布匿戰爭展現了「戰爭是政治的延續」的核心原則，羅馬與迦太基的衝突源於經濟、地緣與霸權的競逐。漢尼拔的遠征和坎尼戰役展示了軍事創新與靈活戰術運用，他的「合圍戰術」被視為戰爭藝術的典範，印證了孫子所言「致人而不致於人」的道理。然而，迦太基未能持續整合資源和攻克羅馬中心地區，最

07 布匿戰爭：羅馬與迦太基的霸權之爭

終陷入消耗戰。羅馬則採用費邊戰術謹慎應對，以逐步削弱敵方實力，並在札馬戰役中成功運用「以正合，以奇勝」的原則翻轉戰局。布匿戰爭的結果不僅改變了地中海的權力格局，也成為後世戰略學與軍事思想的重要案例。

背景與戰爭爆發

布匿戰爭是古羅馬與迦太基為爭奪西地中海霸權而進行的三場戰爭，歷時 118 年（西元前 264～前 146 年）。當時，羅馬已統一義大利半島，並逐步將勢力向海外擴張，而迦太基則是北非最強大的海上強國，控制西西里島、西班牙南部及地中海西部的重要戰略據點。雙方矛盾集中在西西里的控制權，最終引發戰爭。

第一次布匿戰爭（西元前 264～前 241 年）：羅馬海軍的崛起

戰爭起因於麥散那城邦的內亂，羅馬與迦太基雙方介入後爆發衝突。起初，羅馬在陸戰上取得優勢，但迦太基憑藉強大的海軍掌控制海權。為了改變劣勢，羅馬仿製迦太基戰艦，並創造了「接舷戰」戰術，使海戰變為陸戰。西元前 241 年，羅馬在伊干特群島海戰大敗迦太基，迫使其求和。迦太基割讓西西

里島、科西嘉島與薩丁尼亞島，並支付賠款。這場戰爭使羅馬首次成為地中海西部的海上霸主。

第二次布匿戰爭（西元前218～前202年）：漢尼拔的遠征與坎尼大捷

戰後，迦太基將目標轉向伊比利半島，希望透過控制西班牙重振國力。西元前221年，漢尼拔擔任迦太基軍隊統帥，展開復仇計畫。他於西元前218年率軍穿越庇里牛斯山與阿爾卑斯山，出其不意地攻入義大利北部，展開史詩般的遠征。漢尼拔連續擊敗羅馬軍隊，並在西元前216年的坎尼戰役運用「合圍戰術」，重創羅馬軍，造成約7萬名羅馬士兵陣亡，成為軍事史上經典戰例。然而，由於無法攻克羅馬城，漢尼拔長期滯留義大利，未能徹底擊敗羅馬。

羅馬則透過費邊戰術（避免決戰，以騷擾戰術消耗敵軍）逐步削弱漢尼拔的力量。同時，年輕將領西庇阿於西班牙與北非反攻迦太基本土，迫使漢尼拔回援。西元前202年，西庇阿在扎瑪戰役中運用靈活戰術擊潰漢尼拔，奠定勝局。迦太基再次求和，被迫繳納巨額賠款，喪失海外屬地，並限制軍力。

07 布匿戰爭：羅馬與迦太基的霸權之爭

第三次布匿戰爭（西元前 149～前 146 年）：迦太基的滅亡

儘管迦太基不再構成軍事威脅，但其經濟復甦引起羅馬警惕。西元前 149 年，羅馬以迦太基違反條約為由，派軍攻擊迦太基城。迦太基人民奮起抵抗，歷經三年圍困，最終在西元前 146 年遭羅馬攻破。城內經歷慘烈巷戰後，迦太基被焚毀，倖存的 5 萬居民被賣為奴隸，城市徹底消失。從此，迦太基不復存在，羅馬完全掌控地中海西部。

戰爭影響與歷史意義

布匿戰爭的勝利使羅馬成為地中海西部的霸主，為其日後征服馬其頓與希臘奠定基礎。羅馬透過戰爭獲得大量奴隸與財富，促進經濟與軍事發展。然而，長期戰爭也造成羅馬內部社會結構變動，貧富差距擴大，最終導致共和體制的不穩。

在軍事史上，布匿戰爭展示了戰略與戰術的創新，如羅馬的接舷戰術、漢尼拔的長途遠征與合圍戰術、西庇阿的靈活機動戰等，對後世歐洲軍事發展影響深遠。戰爭的結局則代表著地中海進入「羅馬時代」，為羅馬稱霸世界奠定了基礎。

08 斯巴達克斯起義：奴隸反抗的輝煌戰史

戰略分析

斯巴達克斯起義揭示了兵法中「知彼知己，百戰不殆」的重要性。他初期憑藉對羅馬軍制的深刻了解，以靈活機動的戰術成功擊敗多支羅馬軍團，展現了高超的指揮能力。然而，起義軍內部意見分歧，未能實現一致的戰略目標，最終導致力量分散，違背了「上下同欲者勝」的兵法原則。克拉蘇採用圍困策略將起義軍困於布魯提亞，展現了「致人而不致於人」的戰略運用，最終透過持久消耗和圍困策略瓦解起義軍的抵抗。斯巴達克斯的起義儘管失敗，但其軍事策略和指揮藝術對後世的軍事思想和自由精神產生了深遠影響。

背景與奴隸制度的殘酷統治

在古羅馬，奴隸制度是經濟與社會結構的核心，奴隸被視為「會說話的工具」，普遍用於農業、礦業與家庭勞役。大莊園經濟蓬勃發展，奴隸主為娛樂修建角鬥場，迫使奴隸為生存而相互廝殺。殘酷的壓迫引發頻繁的奴隸起義，其中規模最大、影響最深遠的便是西元前 73～前 71 年的斯巴達克斯起義。

08 斯巴達克斯起義：奴隸反抗的輝煌戰史

起義的爆發與斯巴達克斯的領導

斯巴達克斯是色雷斯人，原為羅馬軍隊的俘虜，後淪為角鬥士，被送至卡普亞的角鬥士學校。西元前 73 年，他與 70 餘名角鬥士奪取武器，衝出牢籠，逃至維蘇威火山建立據點。此舉吸引大量逃亡奴隸與貧困農民加入，隊伍迅速壯大至數萬人。斯巴達克斯以羅馬軍團為藍本，組織步兵、騎兵與輜重部隊，並在坎佩尼亞平原多次擊敗羅馬軍，控制大片地區。

起義軍的擴張與戰略轉折

西元前 72 年，起義軍兵力達 10 萬人，斯巴達克斯決定向北進軍，試圖越過阿爾卑斯山脫離羅馬勢力範圍。然而，內部產生分歧，部分起義軍希望留在義大利繼續戰鬥，導致 3 萬人脫離主力，最終被羅馬軍擊潰。斯巴達克斯雖然率軍北上，並在摩提那擊敗羅馬軍，但最終改變計畫，率軍南下，意圖經由西西里撤離。這一決定成為起義的轉折點。

克拉蘇的反擊與起義的終結

羅馬統治階層深感威脅，任命大奴隸主克拉蘇鎮壓起義軍。他在布魯提亞半島築起長達 55 公里的防線，試圖圍困斯巴達克斯軍。雖然起義軍一度突破封鎖，但未能成功撤離義大利。西

元前 71 年，斯巴達克斯試圖奪取布林迪西港，遭羅馬與龐貝援軍夾擊。在決戰中，斯巴達克斯英勇作戰，最終戰死，6 萬名起義軍被殲滅，5,000 名殘部被龐貝消滅，6,000 名俘虜被釘死於羅馬至卡普亞的道路上，起義徹底失敗。

影響與歷史意義

斯巴達克斯起義雖最終未能推翻羅馬的奴隸制度，卻對當時的奴隸主階層造成重大衝擊，暴露出奴隸制度內部的脆弱與矛盾，對羅馬社會結構產生深遠影響。儘管共和體制尚未因此崩潰，但這場規模空前的反抗運動反映出社會動盪的徵兆，也間接促進了日後帝制的形成。起義後，羅馬的奴隸制度逐漸出現轉變，部分奴隸被安排為「隸農」，開始擁有一定的經濟自主性。斯巴達克斯的抗爭精神，被後世視為反抗壓迫與追求自由的象徵，對近代自由與獨立運動具有深遠的象徵意義。

斯巴達克斯以卓越軍事才能多次擊敗羅馬軍，展現出機動戰、伏擊戰與合圍戰術的運用。儘管最終敗北，他的精神與戰略仍在軍事史上占據重要地位，成為反抗壓迫的象徵。

09 高盧戰爭：凱撒的征服與羅馬的擴張

戰略分析

　　高盧戰爭展現了「戰爭是政治的延續」這一核心原則。凱撒利用戰爭擴大個人影響力，透過控制高盧獲取大量財富和軍事資源，逐步挑戰元老院權威，最終為建立個人獨裁統治奠定基礎。在軍事上，凱撒展現出「致人而不致於人」的戰略智慧，善於利用快速機動與分化聯盟的策略，逐步削弱高盧部落的聯合反抗力量。同時，他在戰術上靈活應用堡壘戰術與騎兵運用，成功地將高盧納入羅馬版圖。這場戰爭不僅成為凱撒崛起的關鍵，也展示了戰爭與政治之間密不可分的關係，深刻影響了羅馬共和國向帝制的轉變。

背景與羅馬內部政治鬥爭

　　西元前 1 世紀，羅馬共和國陷入內部政治鬥爭，蘇拉與馬略的內戰使元老派與平民派激烈對立。戰爭結束後，蘇拉派雖然暫時掌權，但龐貝、克拉蘇和凱撒等新興政治人物開始崛起。西元前 60 年，三人組成「前三頭同盟」，凱撒透過這個政治聯盟取得高盧總督職位，並將此地作為個人軍事與政治資本的基地。

第一部分:古代世界的戰爭與帝國的興衰

高盧戰爭的爆發與羅馬的遠征

西元前 58 年,凱撒開始高盧戰爭,目標是征服高盧,擴大羅馬版圖並強化個人勢力。戰爭共包括八次軍事遠征,歷時九年(前 58～前 50 年)。

初期征服(前 58～前 57 年)

凱撒擊敗海爾維第人,阻止其遷徙,確立羅馬在高盧的軍事優勢。

凱撒打敗日耳曼部落首領阿里奧維斯特,將其逐出萊茵河以東。

西元前 57 年,羅馬進一步征服比爾及人與東北部高盧部落。

鎮壓起義與進一步擴張(前 56～前 54 年)

面對高盧部族的反抗,凱撒進行一系列鎮壓,殘酷屠殺起義者。

西元前 55 年,羅馬軍隊首次渡過萊茵河進入日耳曼地區,顯示其軍事實力。

凱撒兩度進軍不列顛,雖未能完全征服,卻成功確立影響力。

高盧最後的抵抗(前 52～前 50 年)

阿爾韋尼人部族首領韋桑熱托里克斯領導大規模起義,統一高盧反抗羅馬。

高盧軍在格爾戈維戰役中獲勝,但最終在阿萊夏要塞被羅馬包圍,韋桑熱托里克斯投降。

戰後,凱撒徹底鎮壓各地起義,將高盧完全納入羅馬統治。

高盧戰爭的影響與歷史意義

羅馬的領土擴張

高盧戰爭使羅馬控制今日法國、比利時、盧森堡及部分德國與瑞士,確立北方疆界。

羅馬的領土擴張進一步強化其作為地中海霸主的地位。

凱撒的政治崛起

戰爭帶來大量財富,使凱撒擁有獨立財政與強大軍隊,挑戰元老院權威。

凱撒利用戰爭的威望,最終在內戰中擊敗龐貝,確立個人獨裁統治,促使羅馬由共和制轉向帝制。

軍事戰略的發展

凱撒展現卓越的軍事才能,包括快速機動、堡壘戰術、騎兵運用與外交分化策略。

羅馬軍團的戰術與組織進一步發展,為日後帝國的擴張奠定基礎。

第一部分：古代世界的戰爭與帝國的興衰

高盧戰爭不僅改變了羅馬的政治格局，也決定了歐洲歷史的走向。它象徵著羅馬從義大利半島國家成為橫跨歐亞的強權，影響深遠。

10 羅馬內戰：共和的終結與帝制的建立

戰略分析

羅馬共和的崩潰是權力鬥爭與軍事變革交織的結果，從孫子兵法與戰爭論的角度，可見內戰的本質是政治與軍事力量的重新分配。共和晚期，元老院與平民派的矛盾加劇，社會動盪使軍隊成為政治權力的核心。凱撒以軍事功績累積權威，違背元老院命令，跨越盧比孔河，展現了「兵貴神速」與「伐交」的戰略智慧。他在內戰初期迅速進軍義大利，迫使龐貝撤退，奪取戰略主動權，符合孫子所言：「先勝而後求戰。」在法薩盧斯決戰中，他以靈活布陣與戰術變換削弱龐貝的優勢，重視軍心士氣，使對手陷入混亂，展現「以正合，以奇勝」。隨後，他清除西班牙與北非的敵軍，並在埃及扶植克麗奧佩脫拉，展現「攻心為上」的外交手段。戰後，凱撒的軍事改革提高了羅馬軍團的機動性與戰鬥力，為後世帝國軍事制度奠基。內戰也證明「政治權力來自軍事實力」，促使帝制取代共和，屋大維在阿克興戰役後成為唯一統治者，結束共和時代，開啟羅馬帝國的新紀元。

10 羅馬內戰：共和的終結與帝制的建立

共和體制的危機與內戰的開端

西元前 146 年，羅馬先後征服迦太基與馬其頓，成為地中海的霸主。然而，隨著版圖擴張，共和國內部的矛盾也日益加劇。貴族與平民的對立、奴隸起義、土地兼併問題，以及軍隊職業化的發展，都讓共和體制逐漸不穩。特別是在西元前 133 年至前 121 年間，格拉古兄弟推動土地改革卻最終失敗，導致政治暴力成為常態，元老貴族與民眾派之間的衝突加劇，最終演變為內戰。

「前三頭同盟」與內戰的爆發

在此動盪背景下，羅馬的三位政治強人——凱撒（Julius Caesar）、龐貝（Pompey）與克拉蘇（Crassus）於西元前 60 年組成「前三頭同盟」（First Triumvirate），共同掌握羅馬的權力。然而，這個政治聯盟並不穩固，隨著克拉蘇於西元前 53 年遠征安息（今伊朗一帶）戰死，凱撒與龐貝的矛盾日益加劇。

凱撒在高盧戰爭（前 58～前 50 年）中建立了強人的軍事勢力，獲得大量財富與士兵的忠誠。而龐貝雖然得到元老院的支持，卻在軍事上逐漸處於劣勢。西元前 50 年，元老院下令凱撒解散軍隊並返回羅馬，這實際上是要削弱他的權力。凱撒拒絕服從，並於西元前 49 年 1 月率軍跨越「盧比孔河」（Rubicon River），正式引爆內戰。

內戰的進程：從羅馬到埃及

進軍羅馬（前 49 年）

凱撒迅速進軍義大利，龐貝與元老貴族倉皇撤往希臘。隨後，凱撒控制羅馬，並進攻西班牙，消滅龐貝的盟軍，以確保後方安全。

法薩盧斯戰役與龐貝之死（前 48 年）

西元前 48 年，凱撒在希臘的法薩盧斯戰役（Battle of Pharsalus）擊敗龐貝，後者逃往埃及。然而，埃及托勒密王朝為討好凱撒，竟將龐貝殺害，並將其首級獻給凱撒。

介入埃及內政（前 48～前 46 年）

凱撒隨後介入埃及的王位爭奪戰，支持克麗奧佩脫拉七世（Cleopatra VII），並與她發展政治與個人關係。西元前 46 年，他遠征北非，在塔普蘇斯戰役（Battle of Thapsus）擊敗龐貝的殘餘勢力。隔年，他在孟達戰役（Battle of Munda）徹底消滅龐貝的兒子，內戰正式結束。

凱撒的獨裁統治與暗殺

內戰結束後，凱撒成為羅馬的唯一統治者。他獲得「終身獨裁官」（Dictator perpetuo）的稱號，並推動一系列改革，包括：

◆ 擴大公民權，讓行省居民也能獲得羅馬公民身份。

- 改革曆法，制定「儒略曆」(Julian Calendar)，影響後世深遠。
- 減少貴族特權，提高平民的政治影響力。

然而，元老貴族視凱撒為帝制的象徵，認為他破壞了共和傳統。西元前 44 年 3 月 15 日，以布魯圖斯（Brutus）與卡西烏斯（Cassius）為首的元老派發動「刺殺凱撒事件」（Ides of March），凱撒被刺中 23 刀，當場身亡。

「後三頭同盟」與羅馬帝制的建立

凱撒死後，羅馬陷入新一輪內戰。其主要繼承人──屋大維（Octavian）、馬克・安東尼（Mark Antony）與雷必達（Lepidus）於西元前 43 年組成「後三頭同盟」（Second Triumvirate），共同對抗共和派。

腓立比戰役（前 42 年）

在腓立比戰役（Battle of Philippi）中，安東尼與屋大維擊敗共和派領袖布魯圖斯與卡西烏斯，兩人自殺，共和派勢力瓦解。

三頭內鬥與阿克興戰役（前 31 年）

然而，三頭同盟內部的權力鬥爭加劇，雷必達被逐出局。安東尼則與埃及女王克麗奧佩脫拉結盟，威脅屋大維的地位。西元前 31 年，屋大維在阿克興戰役（Battle of Actium）中擊敗安東尼與克麗奧佩脫拉。

埃及滅亡與羅馬帝制的確立（前 30 年～前 27 年）

西元前 30 年，安東尼與克麗奧佩脫拉在亞歷山卓（Alexandria）被圍困，最終雙雙自殺。羅馬正式吞併埃及，托勒密王朝滅亡。西元前 27 年，屋大維獲元老院賜予「奧古斯都」（Augustus）尊號，成為羅馬第一位皇帝，象徵羅馬共和時代的終結。

共和終結與帝制的確立

羅馬共和制度的崩潰

共和時期的元老政治與民眾派鬥爭告終，軍事獨裁取而代之。元老院雖然保留，但已失去實質權力，羅馬的統治模式從此轉向帝制。

帝制的確立與影響

屋大維建立「元首制」，表面上維持共和制度，實際上實行皇權專制。此後，羅馬進入數百年的帝制統治時期，對西方政治制度影響深遠。

軍事與戰略的變革

凱撒的軍事改革提升了羅馬軍團的靈活性與攻擊力，而阿克興戰役則顯示了海軍戰略的重要性，影響了後世歐洲的戰爭模式。

從共和到帝國的轉變

羅馬內戰是羅馬歷史的重大轉折點，從凱撒的崛起到屋大維稱帝，這場長達數十年的政治與軍事鬥爭，徹底改變了羅馬的統治結構，讓它從一個共和城邦國家發展為強盛的帝國。這場內戰的影響不僅形塑了羅馬，也對後世的歐洲政治制度與軍事戰略產生深遠影響。

11 羅馬與波斯的四百年戰爭

羅馬與波斯的戰爭是一場長達四個世紀的衝突，主要圍繞著東西方商路及小亞細亞的霸權爭奪。這場戰爭幾乎貫穿了薩珊王朝的歷史，是古代西方勢力與東方勢力長期對抗的一個縮影。最終的結果是東羅馬帝國（拜占庭帝國）日趨衰弱，而薩珊波斯則遭到慘敗，最終在阿拉伯帝國的崛起下滅亡。

戰略分析

羅馬與波斯的長期戰爭是一場橫跨四世紀的消耗戰，展現了孫子兵法中的「久暴師則國用不足」，戰爭的核心在於東西方商路與小亞細亞的霸權爭奪。波斯憑藉地理優勢與陸軍優勢，多次突襲拜占庭邊境，甚至俘虜羅馬皇帝瓦勒良，但其缺乏海軍無法攻克君士坦丁堡，始終未能徹底擊敗羅馬。拜占庭則利

用戰略縱深與靈活防禦，在關鍵時刻反擊，如希拉克略於627年對波斯本土發動奇襲，最終迫使薩珊王朝割地求和，展現了「攻其無備，出其不意」的戰略思想。最終，這場戰爭使雙方元氣大傷，拜占庭雖然勝利卻無力抵擋阿拉伯帝國的崛起，而波斯則因國內動盪與財政枯竭迅速滅亡。這場戰爭不僅象徵著古典時代東西方霸權的最後較量，也直接導致伊斯蘭勢力的崛起，改變了世界格局。

東西方的早期衝突

自古以來，西方與東方文明之間的對抗便未曾間斷。西亞地區作為歐亞大陸的交界地帶，其戰略地位極為重要。早在西元前514年，波斯帝國的大流士一世便曾橫渡達達尼爾海峽，進軍歐洲，雖然未能完全征服斯基泰人，但已成功將波斯的勢力擴展至色雷斯及黑海沿岸。接下來的希波戰爭（西元前500～449年）則成為希臘與波斯之間的決戰，儘管波斯在溫泉關戰役中一度重創希臘軍隊，但最終仍在馬拉松戰役及薩拉米斯海戰中遭受重大挫敗，希臘的勝利使其文明得以延續，進而影響羅馬並擴展至整個歐洲。

11 羅馬與波斯的四百年戰爭

亞歷山大東征與安息王國的崛起

隨著波斯帝國的衰落，馬其頓王國的亞歷山大大帝在西元前334年發動東征，短短六年內便滅亡了阿契美尼德王朝。然而，在亞歷山大去世後，他的帝國迅速分裂，最終導致西元前247年安息王國的興起。安息王國在西亞地區逐漸成為羅馬帝國的主要對手，並在西元前53年的卡爾赫戰役中殲滅了羅馬軍團，使羅馬的東方擴張計畫受挫。

薩珊王朝與羅馬的長期對抗

西元224年，薩珊王朝取代安息王國，建立了新的波斯帝國。薩珊王朝繼承了安息王國與羅馬對抗的傳統，並在亞美尼亞、小亞細亞與敘利亞邊境與羅馬展開激烈衝突。西元231年，薩珊王朝的阿爾達希爾一世致信羅馬皇帝塞維魯，要求羅馬撤出亞洲，正式開啟了長達四百年的羅馬～波斯戰爭。

在這場戰爭的初期，薩珊波斯在多場戰役中擊敗羅馬，甚至在西元260年俘虜了羅馬皇帝瓦勒良，這場勝利被刻畫在今日伊朗帕賽波利斯的摩崖石刻上。然而，羅馬並未就此屈服，東羅馬帝國的君士坦丁大帝及其後繼者數次率軍遠征波斯，雖然未能徹底擊敗薩珊王朝，但仍對其造成極大壓力。

第一部分：古代世界的戰爭與帝國的興衰

五次大規模戰爭

- **第一次戰爭（528～531年）**：拜占庭皇帝查士丁尼一世任命名將貝利撒留為統帥，與薩珊波斯展開激烈戰鬥，最終以拜占庭支付大量黃金換取和平。

- **第二次戰爭（540～545年）**：波斯君主庫斯魯一世突襲敘利亞，攻陷安條克，迫使拜占庭以巨額黃金換取停戰。

- **第三次戰爭（549～562年）**：雙方在高加索地區拉鋸多年，最終以拜占庭每年支付薩珊波斯黃金1.8萬磅達成協議。

- **第四次戰爭（571～591年）**：拜占庭皇帝莫里斯介入波斯內亂，扶持庫斯魯二世即位，換取亞美尼亞與伊比利部分地區。

- **第五次戰爭（603～631年）**：庫斯魯二世乘拜占庭內亂之機展開西征，攻陷敘利亞、巴勒斯坦及埃及。然而，拜占庭皇帝希拉克略在小亞細亞展開反擊，最終於西元628年擊敗波斯，迫使薩珊王朝割讓土地並歸還戰利品。

戰爭的影響與結局

這場長達四個世紀的戰爭雖然以薩珊波斯的失敗告終，但實際上是一場兩敗俱傷的消耗戰。波斯雖然在大部分時間內保持戰略優勢，卻因缺乏強大的海軍無法對君士坦丁堡形成致命

威脅，最終未能徹底擊敗拜占庭帝國。

拜占庭帝國則憑藉傑出的將領，如貝利撒留、希拉克略等人，在關鍵戰役中成功扭轉局勢。儘管如此，長期戰爭嚴重削弱了拜占庭的國力，使其無法有效抵禦日後阿拉伯帝國的崛起。

波斯方面，由於長年的軍事消耗，國家財政枯竭，社會動盪不安。最終，在戰爭結束後的 20 年內，薩珊波斯於西元 651 年被阿拉伯帝國所滅。

戰爭的歷史意義

羅馬－波斯戰爭對世界歷史的發展產生了深遠影響。這場戰爭削弱了拜占庭帝國，使其無力抵抗來自阿拉伯世界的進攻，導致伊斯蘭文明迅速崛起。同時，薩珊波斯的滅亡代表著古代波斯文明的終結，取而代之的是伊斯蘭文化在該地區的擴展。

這場曠日持久的戰爭不僅是東西方文明衝突的一個縮影，也成為影響後世地緣政治格局的重要事件。它見證了古典時代的終結，並為中世紀世界的誕生奠定了基礎。

第一部分：古代世界的戰爭與帝國的興衰

第二部分：
宗教、民族與帝國的衝突

導讀

戰爭的共同特色

1. 宗教與意識形態的對立

許多戰爭的核心衝突來自於宗教信仰與意識形態的對立。例如：

- **猶太戰爭** 是猶太教徒與羅馬帝國之間的宗教與民族對抗，最終導致猶太民族的流散。
- **十字軍東征** 是基督教與伊斯蘭教之間的衝突，名義上是為了奪回聖地，但實質上牽涉到歐洲封建貴族的利益。
- **伊土戰爭** 則是伊斯蘭教內部遜尼派（鄂圖曼帝國）與什葉派（伊朗薩法維王朝）之間的百年對抗。
- **胡格諾戰爭** 反映了基督教內部新教與天主教的衝突，並深刻影響法國的政治發展。

第二部分：宗教、民族與帝國的衝突

這些戰爭顯示，宗教不僅是精神信仰的核心，也是政治動員與戰爭爆發的強大推力，特別是在缺乏民族國家概念的時代，宗教成為凝聚社會與動員戰爭的關鍵力量。

2. 帝國擴張與地緣政治爭奪

許多戰爭的本質是帝國的擴張或地緣政治的爭奪，例如：

- **阿拉伯擴張戰爭** 在波斯與拜占庭帝國衰弱的時機下迅速擴張，建立橫跨歐亞非的大帝國。
- **伊土戰爭** 是鄂圖曼帝國與伊朗薩法維王朝爭奪西亞霸權的長期戰爭，結果導致中東長期的分裂與動盪。
- **十字軍東征** 透過軍事征服建立拉丁國家，歐洲封建領主試圖獲取新的土地與權力。
- **胡格諾戰爭** 不僅是宗教衝突，更是法國王權與貴族勢力爭奪權力的展現，最終導致中央集權的加強。

這些戰爭顯示，無論是古代或中世紀，軍事擴張與地緣政治鬥爭往往是戰爭的重要驅動力，宗教與意識形態只是其中的催化劑。

3. 軍事技術與戰略戰術的發展

這些戰爭也帶動了軍事技術與戰術的進步，例如：

- **猶太戰爭** 促使羅馬軍團發展更精細的攻城戰術，例如提圖斯在耶路撒冷之戰中使用攻城槌、塔樓與焦土戰術。

- **阿拉伯擴張戰爭** 展現了機動性極強的騎兵部隊如何快速征服大片領土。
- **十字軍東征** 促進了歐洲城堡建築與攻城技術的發展。
- **伊土戰爭** 使火砲與火槍成為主要戰術裝備,改變了中東戰爭模式。
- **胡格諾戰爭** 則見證了槍械在歐洲戰爭中的普及,並且使軍事戰略更具流動性。

這些技術變革顯示,戰爭的進行方式隨著時代演進,不同文明之間的交戰也帶來軍事技術的互相影響,推動戰爭的現代化。

4. 長期戰爭導致社會與經濟變革

戰爭往往帶來社會結構與經濟模式的重大變化,例如:

- **猶太戰爭後,猶太民族被迫流散**,進一步促成了猶太教的會堂體制與經典學習模式,影響猶太文化千年。
- **阿拉伯擴張戰爭促進了貿易與文化交流**,將希臘、波斯、印度與中國的知識帶入伊斯蘭世界,形成「伊斯蘭黃金時代」。
- **十字軍東征推動了歐洲商業發展**,特別是威尼斯與熱那亞等城市利用戰爭獲取貿易壟斷權,促成資本主義的萌芽。
- **胡格諾戰爭導致大量法國新教徒流亡**,這些難民將先進的商業與技術帶往荷蘭、英國與普魯士,影響歐洲經濟發展。

第二部分：宗教、民族與帝國的衝突

這些戰爭顯示，雖然戰爭帶來破壞，但它同時也是社會變革的催化劑，往往促使新的經濟模式、技術發展與文化傳播。

戰爭對後世的影響

1. 推動民族國家的形成

許多戰爭的結果促成民族國家的崛起，例如：

- **胡格諾戰爭後，法國加強中央集權**，為後來的波旁王朝絕對君主制奠定基礎。
- **阿拉伯統一戰爭促成伊斯蘭世界的形成**，使伊斯蘭文明成為世界強權。
- **猶太戰爭雖然導致民族流散**，但也促成猶太文化的存續，最終在 20 世紀建立以色列國家。

這些戰爭顯示，民族國家的形成往往伴隨著長期的戰爭與衝突，戰爭雖帶來痛苦，卻也是民族認同與國家構建的重要過程。

2. 影響全球軍事與戰略思想

這些戰爭的戰術與軍事經驗影響後世戰爭，例如：

- 羅馬軍團的攻城戰術影響中世紀與近代歐洲軍事學派。
- 阿拉伯軍隊的機動戰術成為後來蒙古、奧斯曼帝國等游牧騎兵軍隊的典範。

- ◈ 十字軍東征的軍事組織模式影響後來的歐洲騎士團與封建軍事體制。

這些戰爭顯示，戰爭經驗的累積不僅影響當時的局勢，也為後世的軍事戰略提供寶貴的借鑑。

3. 改變世界文明發展的方向

許多戰爭的結果深刻影響世界文明的走向：

- ◈ 猶太戰爭促成猶太教的轉型，影響基督教的發展。
- ◈ 阿拉伯擴張戰爭將伊斯蘭文化傳播至歐亞非，形成世界主要文明之一。
- ◈ 十字軍東征促進東西方文化交流，成為文藝復興的催化劑。
- ◈ 伊土戰爭影響中東地緣政治，並為歐洲勢力進入中東奠定基礎。

這些戰爭顯示，雖然戰爭帶來毀滅，但它也促成文明的融合與變遷，推動歷史進程。

戰爭是歷史變遷的關鍵動力

這些戰爭雖然殘酷，卻深刻影響了世界的歷史發展，推動政治變革、軍事進步、社會變遷與文化交流。它們告訴我們，戰爭不僅是破壞的力量，也是一種歷史轉折的動力，塑造了今日世界的樣貌。

第二部分：宗教、民族與帝國的衝突

12 第一次猶太戰爭（西元 66～73 年）

戰略分析

第一次猶太戰爭展現了弱勢民族在壓迫下的激烈反抗，但也展現了戰略劣勢與內部分裂導致的失敗。猶太軍初期依靠地利與民心，在貝撒戰役重創羅馬軍團，符合孫子兵法「激水之疾，至於漂石者，勢也」的戰術，即利用地形伏擊強敵。然而，猶太各派內鬥不斷，未能統一戰略，使羅馬得以各個擊破。韋斯帕先採取穩步蠶食戰略，先奪北部與沿海，切斷猶太起義的資源供應，再以提圖斯圍攻耶路撒冷，利用工程戰術與持久圍困擊潰頑強抵抗，最終焚毀聖殿，使猶太人失去精神象徵。馬薩達要塞的自殺事件則反映出猶太軍隊的決絕，但其孤立無援導致最終滅亡。這場戰爭雖以羅馬的勝利告終，卻未能消除猶太人的民族意識，反而激發更長期的離散與復國運動。戰略上，猶太人雖有初期優勢，但缺乏統一指揮與後勤保障，最終難敵羅馬的強大軍事體系，成為「不可以敵之，則避之」未能實現的經典案例。

戰爭背景：猶太民族的苦難史

猶太民族自古以來便立足於巴勒斯坦地區，建立了以色列王國與猶太王國，但由於強鄰環伺，其歷史充滿動盪。猶太

12 第一次猶太戰爭（西元 66～73 年）

人在亞述、巴比倫、波斯、希臘與羅馬的統治下，始終渴望復國，並以猶太教為民族精神的支柱。

西元前 63 年，羅馬名將龐貝（Pompey）入侵巴勒斯坦，猶太王國成為羅馬的附庸國。西元前 37 年，羅馬立希律大帝（Herod the Great）為猶太王，雖然希律對羅馬忠誠，但在耶路撒冷進行大規模建設，使猶太教徒對他的親羅馬政策不滿。西元 6 年，羅馬直接控制猶太地區，設立猶太行省，開始對猶太人實行重稅與壓迫政策。這種殘酷統治導致猶太人長期不滿，並最終引發了兩次大規模的反抗戰爭。

猶太戰爭：猶太民族的抗爭與悲劇

導火線：羅馬總督的暴政

西元 66 年，羅馬總督弗洛魯斯（Gessius Florus）大肆搜刮猶太人財富，甚至擅取耶路撒冷聖殿的金庫，引發猶太人的強烈不滿。在民眾抗議時，羅馬軍隊殘酷鎮壓，屠殺數千猶太人。耶路撒冷各派猶太勢力開始團結起來，推翻羅馬統治，發動全面起義。

猶太人初期的勝利
耶路撒冷陷落（西元 66 年）

- 起義軍擊潰駐紮耶路撒冷的羅馬軍隊，並驅逐羅馬官員，宣告猶太獨立。

第二部分：宗教、民族與帝國的衝突

貝撒戰役（西元 66 年 11 月）

- 羅馬派遣駐敘利亞總督卡斯圖斯（Cestius Gallus）率領 6 萬大軍鎮壓，但在貝撒遭到猶太人伏擊，全軍潰敗，死傷慘重。猶太人趁勢進攻敘利亞，使羅馬皇帝尼祿震怒，決定徹底平定猶太。

羅馬的反擊

西元 67 年，羅馬大將韋斯帕先（Vespasian）率領 6 萬大軍入侵猶太地區，展開大規模鎮壓：

- 西元 67～69 年，羅馬軍隊逐步奪回猶太北部與沿海地區，擊敗加利利地區的猶太軍隊。
- 西元 69 年，尼祿自殺，羅馬陷入內戰，韋斯帕先回到羅馬登基為帝，留下兒子提圖斯（Titus）繼續鎮壓猶太人。

耶路撒冷的陷落（西元 70 年）

- 提圖斯率軍進攻耶路撒冷，猶太人頑強抵抗長達五個月。
- 羅馬軍隊利用攻城塔與攻城槌突破城牆，進入耶路撒冷。
- 第二聖殿被焚毀，七寶燭臺等聖物被劫往羅馬。
- 大屠殺：據記載，約有 110 萬猶太人死於戰爭，7 萬人被俘為奴。

馬薩達要塞的最後抗爭（西元 73 年）

- 猶太反抗軍最後退守馬薩達要塞（Masada）。

- 羅馬軍隊包圍要塞近三年，最終築起斜坡強行攻入。
- 面對戰敗，967 名猶太起義者集體自殺，拒絕淪為奴隸。

13 第二次猶太戰爭 (西元 132～135 年)

戰略分析

從孫子兵法的角度來看，巴爾‧科赫巴起義可視為以弱抗強的游擊戰範例。猶太人善用地形，利用洞穴與山地作為據點，以「迂迴包抄」的戰術突襲羅馬軍隊，取得初步勝利。此舉符合孫子「知彼知己，百戰不殆」的原則，利用羅馬軍隊對地形的不熟悉發動奇襲。

然而，羅馬帝國以焦土戰術應對，截斷補給線，使起義軍陷入長期消耗戰，這與克勞塞維茲《戰爭論》中「戰略優勢轉換」的概念相符。當敵軍失去補給、陷入消耗戰時，戰局便開始向擁有強大資源的羅馬傾斜。最終，貝塔爾城淪陷，科赫巴戰死，起義失敗，驗證了「兵無常勢，水無常形」的軍事哲理。

戰爭結果導致猶太民族流散，耶路撒冷被羅馬化，反映了「政治戰略大於戰術勝敗」的歷史趨勢。起義雖然失敗，但猶太文化未被消滅，顯示民族意志與文化的長遠影響超越單次戰役的勝負。

第二部分：宗教、民族與帝國的衝突

哈德良皇帝的高壓政策與猶太起義

羅馬的壓迫政策

西元 131 年，羅馬皇帝哈德良（Hadrian）決定在耶路撒冷建立羅馬城市，並興建朱比特神廟（Temple of Jupiter）。他進一步頒布法令，禁止猶太人進入耶路撒冷，甚至禁止猶太教的重要儀式——割禮（circumcision）。這些措施激怒了猶太人，最終引發了大規模的反抗行動。

巴爾‧科赫巴起義（西元 132 年）

面對羅馬的壓迫，猶太人在領袖巴爾‧科赫巴（Bar Kokhba，意即「晨星之子」）的帶領下發動起義：

- ◆ **游擊戰策略**：猶太人組織游擊隊，利用耶路撒冷周邊的洞穴與山地作為據點，發動對羅馬軍隊的突襲行動。
- ◆ **短暫獨立**：起義軍成功奪取耶路撒冷，並建立短暫的猶太獨立國家，重新燃起民族復興的希望。

羅馬的鎮壓（西元 135 年）

為了平息這場動亂，哈德良皇帝派遣名將朱利葉斯‧塞維魯斯（Julius Severus）率領 12 萬大軍展開鎮壓行動。

- ◆ **焦土戰術**：羅馬軍隊採取殘酷的焦土政策，徹底摧毀猶太城鎮與農田，使起義軍失去補給來源。

13 第二次猶太戰爭（西元 132～135 年）

- **決戰貝塔爾城**：西元 135 年，猶太軍最後的據點——貝塔爾城（Betar）遭到羅馬軍隊圍攻並陷落，巴爾·科赫巴戰死，起義最終失敗。
- **殘酷屠殺**：戰爭結束後，羅馬軍隊對猶太人進行大屠殺，據記載約有 58 萬猶太人被殺，50 多座城鎮和近千個村莊遭到摧毀，猶太民族面臨一場前所未有的災難。

戰爭影響

猶太民族的流散

- 猶太人被驅逐出巴勒斯坦，流亡世界各地，形成了「猶太流散」（Diaspora）。
- 直至 1948 年以色列建國前，猶太人無法重返故土，數百年來只能在世界各地建立離散社區，維持自身文化與宗教傳統。

耶路撒冷的徹底羅馬化

- 羅馬將耶路撒冷改名為「艾利亞·卡比托利納」（Aelia Capitolina），並全面禁止猶太人進入該城。
- 猶太教的中心從聖殿崇拜轉變為會堂（Synagogue）與經典學習（猶太律法），促成了猶太文化的深遠變革。

第二部分：宗教、民族與帝國的衝突

羅馬的軍事戰略影響

- 這場戰爭使羅馬軍隊累積了寶貴的城市攻防戰經驗，例如提圖斯（Titus）在耶路撒冷圍城戰中使用攻城槌、塔樓與地下挖掘戰術，這些技術成為後世攻城戰的典範。
- 羅馬的焦土政策、圍困戰術，以及高度紀律化的軍事行動模式，對歐洲戰爭史產生了深遠影響。

猶太教與基督教的分裂

- 基督教在羅馬的統治下逐漸發展，並開始與猶太教分道揚鑣，形成兩者日漸疏遠的趨勢。

歷史意義

猶太起義是古代世界最為慘烈的民族抗爭之一。雖然最終遭到羅馬帝國殘酷鎮壓，但猶太人的頑強精神成為民族不屈的象徵。這場戰爭導致猶太人流亡世界各地，卻也促成了猶太文化的延續與重塑。

千年後，猶太民族依舊憑藉宗教信仰與文化認同維繫自身，最終在 20 世紀建立了以色列國家，實現民族復興，證明了文化與信仰在歷史長河中的堅韌力量。

14 阿拉伯半島的統一戰爭

西元 6～7 世紀，阿拉伯半島處於劇烈的社會變革與動盪之中，各部落之間的矛盾錯綜複雜，加上拜占庭帝國、薩珊波斯與阿比西尼亞等外來勢力的侵略，使得當地人民深受戰爭摧殘。在內憂外患交織的背景下，唯有統一阿拉伯半島，才能抵禦外族入侵並促進社會發展。伊斯蘭教便是在這樣的歷史條件下誕生，並推動了統一戰爭。

戰略分析

伊斯蘭教的興起與阿拉伯半島的統一戰爭，展現了孫子兵法「上下同欲者勝」的戰略思想。穆罕默德利用宗教動力，使各部落超越傳統血親紐帶，形成共同的政治與軍事聯盟，奠定了長期戰爭的組織基礎。

從戰術層面來看，穆罕默德的軍事策略靈活多變。白德爾戰役中，他運用「兵貴神速」的原則，以小規模軍隊迅速截擊商隊，奠定軍事優勢。塹壕戰役則展現了「因地制宜」，以防禦工事阻擋敵軍，使麥加軍隊無法發揮騎兵優勢。

最終，穆罕默德以和平手段收復麥加，並以外交與武力相結合的方式完成統一，驗證了孫子「不戰而屈人之兵」的戰略智

慧。阿拉伯半島的統一不僅奠定了伊斯蘭帝國的擴張基礎,也促成了軍事與文化的深遠影響,開啟了伊斯蘭世界的黃金時代。

穆罕默德與伊斯蘭教的崛起

西元 610 年,穆罕默德在麥加創立伊斯蘭教,但在傳教過程中受到麥加貴族的迫害。為了避免進一步的損失,他決定將信徒分批遷往麥地那。西元 622 年,穆罕默德親自前往麥地那,在當地部落的支持下,建立政教合一的宗教公社,並組建穆斯林武裝,開始與麥加貴族抗衡,展開阿拉伯半島的統一戰爭。

戰爭的進程

1. 白德爾戰役（624 年）

穆罕默德的軍隊為削弱麥加貴族,頻頻攔截商隊。西元 624 年,他得知麥加派往敘利亞的大商隊即將返回,遂率領 300 人截擊。雖然商隊改變路線,但穆罕默德的軍隊在白德爾與麥加援軍交戰,最終擊敗敵軍,繳獲大量戰利品,提升了穆斯林士氣。

2. 武侯德戰役（625 年）

麥加貴族在白德爾戰役慘敗後,擴充軍備,於西元 625 年 3 月率領 3,000 人攻打麥地那。穆罕默德迎戰,卻因部分穆斯林軍隊臨陣脫逃而遭受挫敗,甚至受傷。這場戰役使穆罕默德意識

到，必須進一步鞏固穆斯林軍隊的紀律，同時對麥地那周邊的猶太部落採取行動，以確保後方安全。

3. 塹壕戰役（627 年）

麥加貴族集結萬人大軍，再次進攻麥地那。穆罕默德吸取武侯德戰敗的教訓，命人在城北挖掘壕溝，成功阻擋敵軍攻勢。儘管麥加軍隊獲得城內猶太部落的支援，使穆斯林軍隊處境險峻，但最終因酷暑與內部矛盾，麥加軍不得不撤退。隨後，穆罕默德立即剷除與敵軍勾結的古來祖猶太部落，進一步鞏固麥地那的統治。

4. 麥加的和平收復（630 年）

西元 628 年，穆罕默德與麥加人達成停戰協議，並逐步削弱麥加貴族的影響力。到了西元 630 年，穆罕默德率領 1 萬大軍進軍麥加。由於穆斯林勢力已顯著增強，麥加貴族未做抵抗，穆斯林軍隊得以和平進入麥加城。穆罕默德寬待居民，處決少數反抗分子，並進一步推動伊斯蘭教的傳播。

5. 侯乃尼與塔伊夫之戰（630 年）

麥加收復後，東南方的塔伊夫部族聯合 3 萬大軍試圖反攻。穆罕默德率軍 1.2 萬迎戰，並在侯乃尼谷地成功擊潰敵軍，隨後圍攻塔伊夫城三週，迫使其投降。這場戰役確立了伊斯蘭教在阿拉伯半島的統治地位。

6. 最後的遠征與統一（631～632年）

西元631年，阿拉伯半島各地部落紛紛派使者前往麥地那，表示歸順。穆罕默德為確保統一，發動最後一次大規模遠征，率領3萬軍隊進軍拜占庭帝國控制的敘利亞。然而，由於酷暑與補給困難，遠征軍行至塔布克便停止推進，最終雙方簽訂和約，允許異教徒保留信仰，但須繳納人丁稅。這一制度影響後來的伊斯蘭征服戰爭。

阿拉伯半島統一的影響

穆罕默德在遷至麥地那後的十年間，推動了統一戰爭，並親自率軍出征27次。這場戰爭能夠迅速取得勝利，主要有以下幾點因素：

- **宗教動力**：伊斯蘭教提供了統一的意識形態，使部落超越傳統的血親關係，形成更廣泛的政治與軍事聯盟。
- **政教合一體制**：穆罕默德透過宗教公社，建立了高度組織化的軍隊，使穆斯林在戰爭中目標明確，士氣高昂。
- **靈活的戰略**：穆罕默德在不同時期採取不同策略，如對猶太部落時而聯合、時而征服，對部落貴族則靈活運用外交與武力相結合的方式。
- **領袖魅力與軍事才能**：穆罕默德身先士卒，臨危不亂，深受穆斯林擁戴，這使他的軍隊能夠保持強大凝聚力。

伊斯蘭的崛起：從半島統一到帝國擴張

阿拉伯半島的統一戰爭不僅確立了伊斯蘭教的統治地位，也為阿拉伯帝國的崛起奠定了基礎。統一後，阿拉伯世界迅速發展，並在穆罕默德去世後的幾十年間，透過一系列征服戰爭，將伊斯蘭勢力擴展至北非、中亞與歐洲南部，開啟了伊斯蘭文明的黃金時代。

15 阿拉伯對外擴張戰爭

戰略分析

阿拉伯帝國的擴張戰爭展現了孫子兵法「乘虛而入」的原則。當時，拜占庭與薩珊波斯因長期交戰而國力衰退，使阿拉伯軍隊得以迅速進軍並征服大片領土。阿拉伯軍運用機動靈活的騎兵戰術，以沙漠適應能力強的部隊長驅直入，符合《戰爭論》中「機動戰」與「戰略優勢轉換」的概念。

在雅穆克河戰役與卡迪西亞戰役中，阿拉伯軍以游擊騎兵靈活調動，運用包抄戰術擊潰敵軍，顯示了「避實擊虛」的戰略運用。而在君士坦丁堡戰役中，則因未能破解拜占庭「希臘火」與堅固防禦體系，導致戰略受挫，驗證了孫子「知己知彼」的重要性。

第二部分：宗教、民族與帝國的衝突

阿拉伯擴張戰爭：征服、影響與文明交流

阿拉伯擴張的成功還依賴政教合一的體制，使軍隊士氣高昂，形成戰略凝聚力。然而，隨著領土擴張過快，內部矛盾加劇，750年倭馬亞王朝覆滅，阿拉伯帝國的擴張進入停滯。這場戰爭雖未能持續推進，但其影響深遠，塑造了伊斯蘭世界的政治版圖，並促成東西方文明的交流與融合。

阿拉伯對外擴張戰爭發生於西元7～8世紀，是穆斯林統一阿拉伯帝國後，為擴大其統治範圍而進行的征服行動。這場戰爭以「傳播伊斯蘭教」和「反對異教徒的聖戰」為號召，迅速擴展至西亞、北非及西南歐。整個戰爭歷程可分為兩個階段。

第一階段（634～656年）：迅速擴張

穆罕默德去世後，其繼承者持續推行「伊斯蘭遠征」，在平定內部叛亂後，於西元633年秋發動對外征服。三支阿拉伯軍隊（各7,500人）從阿拉伯半島出發，分別進攻巴勒斯坦、敘利亞及伊拉克。當時，拜占庭與波斯帝國因長年交戰而國力衰弱，無力有效抵抗。

1. 征服敘利亞與巴勒斯坦

阿拉伯軍隊於636年由瓦立德率領，攻占加薩尼王朝首都巴士拉，隨後拿下斐哈勒，進軍大馬士革，並在雅穆克河畔擊

敗 5 萬名拜占庭援軍，確立對敘利亞的控制。638 年，圍困兩年的耶路撒冷主動請降，正式納入阿拉伯帝國。

2. 征服伊朗與伊拉克

阿拉伯軍隊於 633 年占領伊拉克南部的希拉，隨後進攻波斯。然而，波斯軍隊利用戰象作戰，使阿拉伯軍遭受重挫。637 年，阿拉伯軍隊在獲得增援後於卡迪西亞會戰中擊敗波斯，隨即攻占泰西封，掠奪大量財富，並於隨後幾年間征服摩蘇爾與訥哈範德，最終將伊朗併入阿拉伯帝國。

3. 征服埃及與北非

639 年，阿拉伯軍隊突襲埃及，攻克皮盧希恩，640 年在開羅擊敗拜占庭軍，642 年占領亞歷山大，隨後進軍昔蘭尼加。至 643 年，利比亞被征服，647 年阿拉伯軍隊進入突尼西亞、阿爾及利亞與摩洛哥，並於 650 年代進一步向西控制北非各省，向東逼近印度，向北擴展至亞美尼亞。

然而，659 年阿拉伯貴族內訌導致軍事擴張暫停，直至 661 年倭馬亞王朝建立，重新發動對拜占庭的新攻勢。

第二階段（668～750 年）：進攻歐洲與亞洲

1. 進攻拜占庭與君士坦丁堡

阿拉伯軍隊以拜占庭沿海城市為目標，673～677 年間多次進攻君士坦丁堡。然而，拜占庭軍憑藉「希臘火」擊潰阿拉

伯艦隊,最終迫使阿拉伯人在 678 年簽訂和約,並向拜占庭納貢。

2. 征服北非與西班牙

697～698 年,阿拉伯軍隊奪取迦太基,結束拜占庭在北非的統治。709 年,阿拉伯軍隊抵達大西洋沿岸。711 年,穆斯林部隊(約 7,300 人)進入庇里牛斯半島,趁西哥德王國內訌,占領大部分地區。732 年,阿拉伯軍隊在普瓦提埃戰役中敗於法蘭克人,隨後因內部矛盾,於 8 世紀中葉撤出高盧,停止進軍歐洲。

3. 中亞與印度戰役

705～715 年,阿拉伯軍隊進軍中亞,征服費爾干納與喀布林地區,並與突厥部落與唐朝軍隊交戰。712 年,阿拉伯軍隊入侵印度,擊敗當地勢力,併吞印度河谷,開啟伊斯蘭勢力對印度的影響。

4. 再次圍攻君士坦丁堡 (717～718 年)

717 年,阿拉伯軍隊分水陸兩路圍攻君士坦丁堡,陸軍 12 萬人、海軍 1,800 艘戰艦,但遭到拜占庭強力抵抗。拜占庭運用「希臘火」摧毀阿拉伯艦隊,嚴寒與疫病削弱了阿拉伯陸軍,加上保加利亞人突襲,使阿拉伯軍最終全軍覆沒。

此戰後,拜占庭展開反攻,重奪小亞細亞部分領土,並於 746 年在賽普勒斯附近的大海戰中重挫阿拉伯艦隊。阿拉伯人在小亞細亞的勢力逐漸萎縮。

15 阿拉伯對外擴張戰爭

阿拉伯擴張的影響

軍事與政治優勢

阿拉伯軍隊的成功首先得益於拜占庭與波斯帝國的衰敗。長年的戰爭削弱了這兩個大國，使阿拉伯軍得以迅速擴張。此外，阿拉伯軍隊以機動靈活的騎兵與駱駝兵為主，擅長沙漠作戰，組織嚴密，戰術上借鑑拜占庭與波斯的軍事編制，確保作戰靈活與突擊效率。

社會與經濟變革

阿拉伯的征服戰爭促進了封建制度的發展，建立起神權專制的中央集權國家，並加強了伊斯蘭教的傳播。征服地區的社會結構與經濟體系隨之改變，伊斯蘭法律體系逐步確立。

伊斯蘭文明的擴展

阿拉伯帝國的擴張不僅擴大了伊斯蘭文化的影響範圍，也促進了各地區文化與科技的交流，如波斯、印度、希臘與羅馬的知識傳入阿拉伯世界，成為後來伊斯蘭黃金時代的基礎。

阿拉伯帝國的擴張與轉折：從征服到防禦

阿拉伯對外擴張戰爭從西元 7 世紀至 8 世紀迅速擴展其版圖，橫跨歐、亞、非三大洲。然而，在君士坦丁堡戰敗後，阿拉伯帝國進入防禦階段，影響力逐漸衰退。750 年，倭馬亞王朝

被阿拔斯王朝取代，阿拉伯帝國的擴張戰爭進入新的時期，拜占庭則趁勢收復部分失地。儘管如此，這場戰爭深遠地影響了世界格局，使伊斯蘭文明成為中世紀最重要的文化與政治勢力之一。

16 十字軍東征

戰略分析

十字軍東征從戰略層面來看，缺乏明確統一的戰略目標，既是宗教戰爭，又涉及政治與經濟利益，導致行動搖擺不定。《孫子兵法》強調「不戰而屈人之兵」，但十字軍全然依賴武力，未能透過聯盟與滲透削弱對手，反而長期陷入消耗戰。而《戰爭論》提及「戰爭是政治的延續」，十字軍內部分裂、指揮不統一，使戰略難以貫徹。補給問題更是致命弱點，《孫子兵法》言「糧道不繼，則亡」，十字軍遠征補給線漫長且脆弱，士兵易受飢餓與疾病削弱戰力。戰術上，十字軍重騎兵缺乏機動性，無法應對穆斯林軍隊的靈活戰術與游擊戰，被撒拉丁等將領運用「避實擊虛」之策逐步消耗。雖然戰爭以十字軍失敗告終，但促成東西方商業與科技交流，間接推動歐洲經濟發展與文藝復興，正如《戰爭論》所言，戰爭結果將深遠影響歷史發展。

16 十字軍東征

戰爭背景

地中海地區的重要性

地中海自古以來即為東西方文明交流的核心，擁有豐富的資源與發達的商業活動，長期成為各方勢力競爭的焦點。7世紀時，穆斯林勢力逐步擴張，塞爾柱突厥人於11世紀占領耶路撒冷，並對基督徒朝聖活動設下限制，這引發了西歐基督教世界的強烈反應，成為宗教衝突的導火線。

西歐社會變革與擴張需求

11世紀末，西歐社會發生顯著變革：

- **經濟發展**：手工業興起，城市繁榮，商業活動頻繁，貴族與商人希望獲取更多財富與市場。
- **封建制度的影響**：由於封建繼承制度的限制，許多騎士無法獲得土地，因此期待透過遠征獲取封地與戰利品。
- **羅馬天主教會的擴張**：羅馬教廷試圖強化其在基督教世界的統治，推動「世界教會」的概念，並利用東征來增強其權威。

拜占庭帝國的請求

11世紀末，東羅馬帝國（拜占庭帝國）面臨來自塞爾柱突厥的軍事威脅，君士坦丁堡皇帝阿歷克修斯一世向羅馬教皇烏爾班二世求援。教皇趁此機會，發動十字軍遠征，以鞏固教廷影響力，並增強西歐基督教世界的凝聚力。

第二部分：宗教、民族與帝國的衝突

十字軍東征的過程

第一次十字軍東征 (1096～1099)

- 約 10 萬名十字軍於 1097 年進入小亞細亞，陸續攻占尼西亞與安條克。
- 1099 年 7 月 15 日，占領耶路撒冷，建立數個十字軍國家，包括耶路撒冷王國、的黎波里伯國、安條克公國等。

第二次十字軍東征 (1147～1149)

- 由法國國王路易七世與神聖羅馬帝國皇帝康拉德三世領軍，企圖奪回 1144 年淪陷的愛德薩伯國。
- 遠征軍在小亞細亞與大馬士革均遭遇失敗，未能達成預期目標。

第三次十字軍東征 (1189～1192)

- 由「紅鬍子」神聖羅馬帝國皇帝腓特烈一世、法國國王腓力二世與英國國王理查一世（獅心王）率軍。
- 腓特烈一世途中溺斃，英法兩國因內部分歧未能有效合作。
- 1192 年，理查一世與埃及蘇丹撒拉丁簽訂和約，允許基督徒自由朝聖，但耶路撒冷仍由穆斯林控制。

第四次十字軍東征 (1202～1204)

- 由教皇英諾森三世發起，但目標偏離宗教戰爭，轉而攻占拜占庭帝國首都君士坦丁堡。

- 十字軍建立「拉丁帝國」(1204～1261)，導致拜占庭帝國衰弱，最終在 1261 年由尼西亞帝國復國。

第五至第八次十字軍東征 (1217～1270)

- 主要目標為攻擊埃及與北非，削弱穆斯林勢力。
- 法國國王路易九世兩度發動東征 (1248～1254、1270)，但最終均以失敗告終，十字軍東征也隨之結束。

十字軍戰爭的失敗與影響

戰爭失敗的原因

- **內部矛盾**：十字軍內部分歧嚴重，各國騎士團彼此競爭，缺乏統一指揮。
- **軍事戰略落後**：西歐騎士軍隊裝備沉重，不敵機動性高的穆斯林騎兵戰術。
- **補給與後勤問題**：遠征軍需長途跋涉，缺乏穩定的補給線，導致戰力受限。

羅馬教廷影響力下降

- 十字軍戰爭期間的侵略與屠殺，使教會聲望受損。
- 西歐基督教世界內部產生裂痕，東正教世界對羅馬教廷更加不滿，加劇了 1054 年東西教會分裂的影響。

經濟與商業變革

- 十字軍戰爭促進歐洲與東方貿易往來，威尼斯、熱那亞等商業城市迅速發展。
- 貨幣經濟逐步取代以土地為基礎的封建經濟，促成歐洲早期資本主義的萌芽。

東西方文化交流

- 西歐從伊斯蘭世界學習數學（如阿拉伯數字、代數）、醫學、航海技術（羅盤）與火藥技術。
- 促使歐洲知識復甦，為文藝復興的到來鋪路。

軍事技術進步

- 十字軍東征推動了燃燒劑、火藥與城堡防禦技術的發展。
- 騎兵戰術與海軍實力提升，影響後來的歐洲軍事發展。

從戰爭到歷史遺產

儘管十字軍東征未能成功奪回耶路撒冷，卻深刻影響了歐洲與中東的歷史發展。這場戰爭促進了東西方交流，使歐洲獲得來自伊斯蘭世界的科技與知識，也刺激了商業發展，間接促成文藝復興的興起。同時，十字軍戰爭也暴露了封建制度的缺陷，為日後歐洲社會的變革奠定基礎。

17 伊土戰爭：遜尼與什葉的百年爭霸

戰略分析

伊土戰爭長達兩百多年，反映出遜尼與什葉宗教對立與地緣政治爭奪的交織，雙方在戰略目標上皆試圖擴展勢力範圍並削弱對方影響力。從《孫子兵法》角度來看，伊朗初期缺乏有效戰術，導致查爾迪蘭戰役慘敗，反映「知彼知己，百戰不殆」的重要性，然而隨後阿拔斯一世透過軍事改革，強化火器兵團，運用靈活戰術逐步反擊。《戰爭論》強調戰爭的持久性與經濟影響，伊土長期衝突嚴重損耗雙方國力，使外高加索、伊拉克等地區經濟衰退，為西歐列強日後介入提供機會。《孫子兵法》言「上兵伐謀」，然而雙方皆未能透過外交或聯盟化解衝突，最終僅在1639年透過《席林堡條約》確立邊界，戰略收益有限。伊土戰爭促使伊朗與鄂圖曼軍事現代化，並確立現代中東地緣政治格局，但無休止的消耗戰也使西亞衰落，加速歐洲勢力的滲透與主導。

戰爭背景：遜尼與什葉的對立

伊土戰爭是16～18世紀間，奉遜尼派為國教的鄂圖曼土耳其帝國與奉什葉派為國教的伊朗薩法維王朝之間長達兩百多年的衝突。雙方不僅是中世紀西亞的兩大強權，還因宗教派

別對立而持續爭奪中東的主導權。戰爭的核心區域包括阿拉伯伊拉克、庫爾德斯坦與外高加索,這些地區不僅是重要的宗教與文化中心,更是連接歐亞的重要貿易路線。戰爭結果雖然未分勝負,但長年衝突導致雙方國力大損,加速了西亞地區的衰落,為後來西歐列強在中東的擴張創造了條件。

鄂圖曼帝國奉行遜尼派伊斯蘭教,而薩法維王朝則堅持什葉派信仰,這不僅使雙方在意識形態上互不相容,更導致了對境內少數派信仰群體的壓迫。伊朗長期利用境內的什葉派教士與組織滲透鄂圖曼帝國的安納托利亞地區,試圖激發反抗活動。1513 年,土耳其蘇丹塞利姆一世為了遏制伊朗的影響,在帝國內部殘酷鎮壓什葉派教徒,據記載,約有五萬人遭到屠殺,並以此為由,對伊朗薩法維王朝發動戰爭。

第一階段(1514 ～ 1555 年): 查爾迪蘭戰役與阿馬西亞和約

1514 年 8 月 23 日,鄂圖曼軍隊與伊朗軍隊在查爾迪蘭(今伊朗西北部)展開決戰。當時土耳其擁有先進的火砲與配備滑膛槍的耶尼切里軍團,而伊朗軍隊仍以傳統的騎兵為主,裝備馬刀與長矛。戰鬥中,土耳其軍利用砲兵優勢擊潰伊朗軍隊,成功占領伊朗首都大不里士。隨後,土軍於 1516 ～ 1517 年間進一步向南擴張,吞併敘利亞、黎巴嫩、巴勒斯坦、埃及及阿爾及利亞部分地區。

1533 年，蘇萊曼一世穩固了對歐洲的控制後，再度向東發動戰爭，1536 年占領喬治亞西南部，雙方在外高加索展開激烈爭奪。隨著伊朗建立自己的砲兵部隊，雙方戰事逐漸僵持，最終於 1555 年 5 月簽訂《阿馬西亞和約》。該條約確立了兩國勢力範圍：

- **伊朗**：保有部分外高加索領土，包括亞塞拜然與東喬治亞。
- **鄂圖曼帝國**：取得阿拉伯伊拉克、西亞美尼亞、庫爾德斯坦與北美索不達米亞。

此戰爭雖未有明顯勝負，但鄂圖曼帝國在短期內取得了戰略優勢，成功將伊朗勢力擠出阿拉伯地區。

第二階段（1578～1639 年）：伊朗復興與席林堡條約

1578 年，土耳其趁伊朗內部發生權力鬥爭，再次撕毀和約，入侵外高加索。1579 年起，鄂圖曼帝國與克里米亞汗國聯合發動進攻，一度占領整個亞塞拜然與伊朗西部。然而，伊朗沙阿阿拔斯一世（1587～1629 年在位）進行軍事改革，建立了火槍兵團與常備軍，使伊朗軍事實力大幅提升。

1602 年，阿拔斯一世首次對鄂圖曼帝國發動反擊，展開十年戰爭（1602～1612 年），在多次戰役中擊敗土軍，成功收復外高加索與納希切凡地區。1613 年，雙方簽訂《伊斯坦堡和約》，確認伊朗的戰果。1616 年，土耳其再次發動戰爭，歷時三

年,最終於1618年簽訂《薩拉卜和約》,重申伊朗在外高加索的控制權。

1623年,阿拔斯一世利用巴格達當地民眾反抗土耳其統治的機會,進軍阿拉伯伊拉克,占領巴格達與整個兩河流域。然而,土耳其於1625年反攻,雙方戰事持續到1639年,最終簽訂《席林堡(佐哈布)條約》。條約規定:

◆ **伊朗**:保留外高加索部分地區,包括亞塞拜然與東喬治亞。
◆ **鄂圖曼帝國**:正式併吞阿拉伯伊拉克,包括巴格達。

此條約基本確立了伊朗與土耳其的邊界,延續至今,並為兩國的勢力範圍奠定了基礎。

第三階段(18世紀):俄國介入與伊朗的反擊

18世紀初,土耳其趁薩法維王朝內部衰落,於1723年入侵外高加索,相繼占領第比利斯、東喬治亞、東亞美尼亞與亞塞拜然,並進犯伊朗西部。然而,土耳其的擴張觸動了俄國的利益,沙皇彼得大帝(1682～1725年)也發動了對伊朗的遠征,迫使伊朗沙阿塔赫馬斯普二世在1723年與俄國簽訂《彼得堡條約》,割讓裏海沿岸地區。

1724年,俄國與土耳其簽訂《君士坦丁堡條約》,瓜分伊朗領土:

- **俄國**：獲得裏海沿岸與北高加索部分地區。
- **土耳其**：占領伊朗西部、外高加索與哈馬丹。

然而，1730 年，伊朗軍事統帥納迪爾崛起，迅速反擊，成功驅逐土耳其軍隊，並在 1735 年於卡爾斯城下擊敗土軍。1736 年，納迪爾即位為伊朗沙阿，推動軍事改革，建立近代化軍隊，並發動新一輪反擊戰。1743 年，伊朗對土耳其發動戰爭，雙方經過三年激戰，仍未能分出勝負，戰爭最終無果而終。

伊土戰爭的影響

西亞地區的衰退

- 長達兩個多世紀的戰爭嚴重破壞西亞的經濟與社會發展，導致外高加索、伊拉克與庫爾德斯坦地區人口減少、農業衰退，為西歐列強後來的殖民擴張創造了機會。

伊朗與土耳其邊界的確立

- 1639 年《席林堡條約》基本確定了伊朗與土耳其的國界，這條邊界至今仍然影響現代中東地區的國際關係。

歐洲勢力的介入

- 18 世紀的伊土戰爭促使俄國與法國介入中東事務，俄國獲得裏海沿岸地區，法國則協助土耳其擴張，為西方列強控制中東埋下伏筆。

第二部分：宗教、民族與帝國的衝突

軍事技術的發展

◆ 伊土戰爭見證了砲兵與火槍的普及，促使兩國軍隊從傳統騎兵為主逐步過渡到更現代化的步兵與砲兵體系。

總結而言，伊土戰爭不僅是遜尼與什葉對立的產物，更是中東地區近代格局形成的重要因素之一。

18 胡格諾戰爭：宗教衝突與法國王權的重塑

戰略分析

胡格諾戰爭雖以宗教衝突為名，實際上更深層的是中央王權與地方貴族之間的政治權力爭奪。正如《孫子兵法》所言：「上下同欲者勝」，戰爭期間法國政局因宗教分裂與貴族派系林立而顯得支離破碎，王權難以有效整合各方力量，導致內戰綿延不絕。胡格諾派雖獲得部分貴族與城市菁英的支持，但因內部路線不一與協調困難，無法形成穩固的戰略重心，最終未能改變整體政局的主導方向。吉斯家族則獲西班牙支援，但其極端宗教政策加劇國內對立，未能有效控制局勢。《戰爭論》強調「戰爭乃政治之延續」，三亨利之戰即反映了政治鬥爭的本質，亨利四世以靈活策略，最終透過改信天主教與《南特敕令》平息戰爭，確立王權優勢。長期戰爭削弱貴族勢力，加速中央集權，促成波旁王朝的興起，奠定近代民族國家的基礎。同時，《南特

18 胡格諾戰爭：宗教衝突與法國王權的重塑

敕令》開創宗教寬容先例，影響歐洲政治發展，展現靈活策略對於戰爭與治理的重要性。

背景與起因

16世紀的法國正處於政治、經濟與宗教的劇烈變動之中。封建社會逐漸衰落，資本主義的萌芽已經開始發展，王權與封建貴族之間的矛盾日益尖銳。同時，新教改革運動在歐洲各地興起，法國的新教徒（即喀爾文派信徒），被稱為「胡格諾派」（Huguenots），挑戰著天主教會的統治地位。這場長達三十多年的內戰不僅是宗教信仰的衝突，更是王權與貴族、中央與地方勢力爭奪的激烈鬥爭。

宗教改革與胡格諾派的崛起

隨著宗教改革運動的傳播，喀爾文教義在法國廣受歡迎。喀爾文派強調「因信稱義」的教義，否定羅馬教廷在信仰上的最高權威，主張建立簡約而純潔的教會制度。他們提倡嚴格的道德規範與信徒間的宗教平等觀念，對傳統教會組織與禮儀形式提出改革，對當時的宗教與社會秩序產生深遠影響。這些思想在手工業者、小商人、農民以及部分貴族中得到支持。16世紀中葉，法國約有100多萬新教徒，其中南部與西南部地區的勢力較為強大。部分反對王權專制的貴族也轉投胡格諾派，最具

代表性的便是納瓦爾國王亨利（未來的亨利四世）與波旁家族。

另一方面，天主教勢力則由吉斯家族領導，形成一個強大的宗教與政治聯盟。他們獲得西班牙的支持，堅持維護天主教的統治地位，並不斷推動對胡格諾派的迫害。亨利二世（1547～1559年在位）期間，王權支持天主教，對胡格諾派進行嚴厲打壓，並成立異端審判法庭，數以千計的新教徒遭到火刑處死。

瓦西鎮屠殺與戰爭爆發（1562年）

1559年，年僅15歲的法蘭索瓦二世即位，實權落入吉斯家族手中，新舊教派的矛盾迅速激化。1562年3月1日，吉斯公爵率軍突襲瓦西鎮（Vassy），屠殺正在舉行宗教儀式的胡格諾教徒，造成近200人死亡。這場「瓦西鎮屠殺」成為戰爭的導火線，胡格諾派群起反抗，胡格諾戰爭正式爆發。

戰爭的三個階段

第一階段（1562～1570年）：初期衝突與新教勢力的崛起

此階段共發生三次戰爭，雙方均未取得決定性勝利：

第一次戰爭（1562～1563年）

- 胡格諾派在海軍上將科利尼（Gaspard de Coligny）與波旁家族的孔代親王（Louis de Condé）領導下組織反抗軍，並獲得

英國支持。1563 年,吉斯公爵在奧爾良圍城戰中被暗殺,迫使王室簽訂《安布瓦斯敕令》,賦予新教徒有限的宗教自由。

第二次戰爭(1567～1568 年)

◆ 胡格諾派試圖綁架國王查理九世與太后卡特琳,戰爭再次爆發。雙方在聖德尼激戰,戰事膠著,最終以《隆朱莫條約》暫時停戰。

第三次戰爭(1568～1570 年)

◆ 查理九世在天主教勢力壓力下,撤銷所有寬容敕令,新教徒被迫起義。1569 年雅爾納克戰役中,孔代親王戰死,胡格諾軍陷入劣勢。1570 年 8 月簽訂《聖日耳曼敕令》,新教徒獲得有限信仰自由,並獲准在四座城市設立防禦據點。

第二階段(1572～1585 年):聖巴托羅繆之夜與內戰擴大

聖巴托羅繆之夜(1572 年)

1572 年 8 月,為促進宗教和解,納瓦爾國王亨利與法國公主瑪格麗特(國王妹妹)在巴黎舉行婚禮。然而,吉斯家族策動暴亂,8 月 23～24 日夜間,大批胡格諾領袖遭到屠殺,兩天內超過 2000 名新教徒被殺,史稱「聖巴托羅繆之夜大屠殺」。這次事件導致新教勢力轉向武裝對抗,戰爭進一步擴大。

第二部分：宗教、民族與帝國的衝突

內戰與聯邦共和國

1573 年，查理九世簽訂《荷榭勒和約》，允許新教徒在部分城市內自由崇拜。然而，1574 年查理九世去世，亨利三世即位（1574～1589 年），法國內戰進入更加複雜的局面。胡格諾派在南部與西部組成「聯邦共和國」，獨立於中央政府之外，而吉斯家族則在北方組織「天主教神聖同盟」，要求恢復天主教的絕對統治。1576 年，亨利三世為求和平，頒布《博利厄敕令》，承認胡格諾派在全國範圍內的權利。但這一政策遭到天主教勢力強烈反對，導致內戰再起。

第三階段（1585～1598 年）：三亨利之戰與亨利四世的勝利

1585 年，法國陷入「三亨利之戰」，即：

◆ **國王亨利三世**（代表王權）
◆ **吉斯公爵亨利**（代表天主教派）
◆ **納瓦爾國王亨利（未來的亨利四世）**（代表胡格諾派）

1588 年，吉斯公爵進入巴黎，迫使亨利三世逃亡。為奪回主導權，亨利三世暗殺吉斯公爵，但隨即於 1589 年遭到天主教派刺殺，納瓦爾國王亨利繼位，成為**法國國王亨利四世**（1589～1610 年在位）。然而，巴黎與大部分天主教地區拒絕承認他的王位。

18 胡格諾戰爭：宗教衝突與法國王權的重塑

1593 年，亨利四世為鞏固統治，宣布改信天主教，並於 1594 年進入巴黎，獲得廣泛支持。1598 年 4 月，亨利四世頒布《南特敕令》，正式結束戰爭，確立天主教為國教，但保障胡格諾教徒的宗教自由與政治權利。

戰爭影響與結論

王權的鞏固

◆ 內戰使法國一度陷入無政府狀態，但最終亨利四世重建王權，為後來波旁王朝的絕對君主制奠定基礎。

宗教寬容政策的確立

◆ 《南特敕令》成為歐洲第一部保障宗教自由的法律，為後來的宗教改革與世俗主義發展提供範例。

經濟與社會的重建

◆ 亨利四世推動農業與工業改革，法國經濟逐步復甦，為 17 世紀的強盛奠定基礎。

胡格諾戰爭雖以宗教分歧為表現形式，實際上也反映出當時法國王權與地方貴族、各派政治勢力之間的權力爭奪。經過長期內戰與多方角力，法國最終逐步加強中央集權體制，增強君主的統治權威，為日後近代國家制度的形成奠定基礎。

第二部分：宗教、民族與帝國的衝突

第三部分：
中世紀的封建戰爭與國家形成

導讀

戰爭的共同特徵

1. 封建制度的衝突與挑戰

　　這些戰爭反映了中世紀歐洲社會與政治結構的動盪與調整。例如，諾曼征服戰爭與英法百年戰爭皆與王位繼承權及貴族之間的權力平衡有關，展現出王權與貴族勢力之間複雜的互動關係。札克雷起義與沃特·泰勒起義則突顯基層民眾對當時社會制度與經濟負擔的不滿，雖非全面反抗體制，卻揭示了社會變革的壓力與可能性。義大利戰爭與荷蘭獨立戰爭則反映出歐洲從傳統多元封建權力向更集中化政權與新興政治理念轉變的過程。

2. 民族意識的崛起

　　這些戰爭促成民族國家的興起，特別是在英法百年戰爭與荷蘭獨立戰爭中，民族認同感顯著增強。英法百年戰爭使法國

人團結起來,推動中央集權的建立。荷蘭獨立戰爭則代表著荷蘭作為一個獨立國家的誕生,為日後的民族獨立運動提供典範。

3. 軍事戰略與技術革新

這些戰爭見證了軍事技術與戰略的重大變革。例如,諾曼征服戰爭的黑斯廷斯戰役中,威廉公爵成功運用假撤退戰術擊敗英軍。英法百年戰爭中,英軍的長弓兵對抗法軍重騎兵,改變了歐洲戰場的傳統模式。鄂圖曼帝國擅長運用火炮與新式戰術,在巴爾幹與中東迅速擴張。義大利戰爭期間,火槍與大炮的應用促成近代軍事革命。荷蘭獨立戰爭則展現了游擊戰與海上戰術的成熟發展。

4. 社會階層的轉變

多場戰爭對歐洲社會結構產生深遠影響。例如,英法百年戰爭期間,法國貴族勢力因戰爭損耗而相對削弱,王權得以擴張,推動中央集權的發展。札克雷起義與沃特・泰勒起義雖未達成目標,卻反映出農民階層對社會制度變革的訴求,促使封建制度逐步調整,農奴制度亦在之後逐漸式微。荷蘭獨立戰爭則加強了商人與城市領袖的地位,建立起共和體制,對日後歐洲政治與經濟制度的發展具有重要影響。

18 胡格諾戰爭：宗教衝突與法國王權的重塑

戰爭的影響

1. 促進中央集權與民族國家的形成

　　這些戰爭的結果通常導向更強的中央集權統治。例如，諾曼征服後，威廉一世建立了英國的封建制度，確立君主權力。英法百年戰爭後，法國王權加強，最終形成專制王朝。荷蘭獨立戰爭則推動了民主共和政體的建立，挑戰了傳統君主制的統治方式。

2. 加速封建制度的衰落

　　這些戰爭對封建貴族的傳統地位造成了深遠影響。例如，英法百年戰爭的戰術變革削弱了傳統騎士階層的戰場優勢，職業化的步兵與火器部隊逐漸成為主力。札克雷起義與沃特·泰勒起義則迫使部分地主重新調整與農民的關係，農奴制度因應社會與經濟變遷而逐步鬆動。荷蘭獨立戰爭則體現了地方自治與商業勢力的興起，象徵著傳統封建架構逐步讓位於新的經濟與政治模式。

3. 推動經濟發展與貿易變革

　　戰爭影響經濟模式。例如，諾曼征服戰爭後，英國與歐陸的經濟貿易往來增加。英法百年戰爭後，城鎮經濟崛起，促進商業與貨幣經濟發展。荷蘭獨立戰爭使荷蘭成為 17 世紀歐洲貿易與金融中心，確立了全球經濟霸權地位。

4. 軍事技術的進步與常備軍的建立

這些戰爭促成歐洲軍事革命。例如,英法百年戰爭後,火器與職業軍隊成為主流。鄂圖曼帝國的擴張促使歐洲國家強化軍備,提高戰術靈活性。義大利戰爭期間,火砲與攻城戰術改變戰場策略,促成歐洲國家建立常備軍制度。

戰爭與轉型:歐洲從中世紀邁向近代的歷史動力

這些戰爭雖然發生在不同時期,但在核心問題上具有許多共通之處。無論是封建制度的挑戰、民族國家的崛起、軍事戰略的革新,還是社會經濟結構的轉變,它們共同塑造了歐洲歷史的發展方向。戰爭帶來毀滅與動盪,但同時也促進社會進步,推動歐洲從中世紀進入近代世界,影響深遠。

19 諾曼征服戰爭

諾曼征服戰爭是 11 世紀中葉,法國諾曼第公爵威廉與英國封建主哈羅德為爭奪英國王位而展開的戰爭。這場戰爭不僅是諾曼人對外擴張的延續,也促進了西歐與英國的深度融合。最終,威廉取得勝利,並對英國歷史發展產生深遠影響。

19 諾曼征服戰爭

戰略分析

　　諾曼征服戰爭展現了《孫子兵法》中「先勝後戰」的戰略思想，威廉在開戰前透過外交爭取羅馬教廷支持，確保正統性，並建立強大聯盟，穩固後方，而哈羅德則未能有效動員盟友，導致戰略孤立。《戰爭論》強調「戰爭是一種政治工具」，威廉透過軍事勝利確立統治，並迅速施行封建制度改革，加強中央集權，使英國納入歐洲封建體系。黑斯廷斯戰役中，威廉運用靈活戰術，利用假撤退誘敵深入，再發動反擊，充分展現《孫子兵法》中的「以迂為直」戰法，而哈羅德因缺乏後備與戰略調整，最終敗亡。諾曼征服使英法關係緊密，但也埋下百年戰爭伏筆，同時促成英國封建制度與軍事技術進步，影響深遠，展現了戰爭不僅是戰場上的對決，更是政治、外交與制度變革的綜合較量。

英國與諾曼人的歷史背景

　　英國位於歐洲大陸西北的大西洋上，由不列顛群島組成。雖然地理上與歐洲大陸隔離，但其歷史發展卻與歐洲密切相關。西元前，羅馬軍隊曾征服不列顛，將其納入西方文明體系。之後，日耳曼部落（盎格魯－撒克遜人）遷入不列顛，開啟英國的封建化進程。

　　8世紀以後，來自斯堪地那維亞的諾曼人開始向外擴張。他

們於 787 年首次侵入英國，9 世紀中葉更占領東北部部分地區。10 世紀初，諾曼人首領羅隆攻占法國部分領土，建立諾曼第公國（911 年）。

王位爭奪與戰爭爆發

1002 年，英國國王埃塞爾雷德與諾曼第公爵之妹埃瑪成婚。1013 年，丹麥國王斯文征服英國，迫使埃塞爾雷德流亡諾曼第。後來，英國貴族擁立流亡中的愛德華王子為國王（1043 年），但愛德華重用諾曼人，引發本土貴族的不滿。

哈羅德繼承父親戈德溫的權位後，趕走諾曼權貴，與諾曼第公爵威廉展開激烈競爭。早在 1051 年，威廉曾訪問倫敦並與愛德華討論王位繼承問題，得到模糊承諾。然而，1066 年 1 月，愛德華去世，英國貴族支持哈羅德繼位，威廉則認為自己應為合法繼承人，決定發動戰爭。

戰爭準備與雙方優勢

威廉向羅馬教皇亞歷山大二世與神聖羅馬帝國皇帝亨利四世爭取支持，獲得「聖旗」象徵神聖戰爭的認可。他並與東面的佛蘭德人聯盟，在西部征服布列塔尼，為入侵英格蘭奠定基礎。

相比之下，哈羅德缺乏外交與戰略準備，未能有效動員盟友，導致戰爭中孤立無援。

戰略上，雙方各有優勢：

- **諾曼軍隊**：機動性強，由 6,000 名騎兵、步兵與弓箭手組成，配備 500 艘戰船。
- **英格蘭軍隊**：守勢較強，依靠地形優勢防禦，但海軍戰力不足，無法阻止威廉渡海。

黑斯廷斯戰役（1066 年 10 月 14 日）

1066 年 9 月，哈羅德北上迎戰挪威國王哈拉爾德三世，於斯坦福橋戰役獲勝。然而，勝利次日威廉大軍即於佩文西灣登陸。哈羅德匆忙南返倫敦，僅能集結 5,000 餘名未充分休整的士兵。

10 月 14 日，雙方在黑斯廷斯展開決戰。哈羅德利用地形優勢構築盾牌防線，而威廉則採取三層軍陣進攻（弓箭手、步兵、騎兵）。

戰役初期，英軍利用盾牌陣有效防禦，但威廉假裝撤退，引誘英軍追擊，隨後反擊造成英軍損失。最後，哈羅德在戰場上中箭身亡，英軍全線潰敗。黑斯廷斯戰役的勝利確立了威廉對英格蘭的統治權。

第三部分：中世紀的封建戰爭與國家形成

戰爭結束與影響

戰役結束後，威廉率軍迅速進軍倫敦，沿途占領多座城市。英國貴族最終屈服，1066 年聖誕節，威廉在西敏教堂加冕為英國國王，建立諾曼第王朝。

影響：

封建制度的確立

威廉將西歐封建制度引入英國，強化中央集權，分封土地予諾曼貴族，建立新的統治階層。

英法文化融合

法語成為英國宮廷語言，影響英語發展，諾曼建築與法律制度亦深刻改變英國社會。

軍事與政治變革

諾曼人引入歐陸騎兵制度與城堡建設，加強英國的防禦能力。

與歐洲的緊密連繫

英國與法國關係更加密切，但也導致後世英法百年戰爭的爆發。

威廉的勝利：英國封建制度的確立與變革

諾曼征服戰爭不僅改變了英國王室，也深刻影響英國的社會、文化與政治體制。威廉的勝利確立了英國封建制度，並推動英國與歐洲的融合，為後來英國歷史的發展奠定基礎

20 英法百年戰爭：
從封建衝突到民族崛起（1337～1453）

戰略分析

英法百年戰爭（1337～1453年）以王位繼承為導火線，實則牽涉經濟與戰略利益。《孫子兵法》強調「夫未戰而廟算勝者，得算多也」，英軍初期憑藉長弓兵戰術與海軍優勢，於斯呂斯、克勒西、普瓦提埃戰役中取勝，證明戰術創新的重要性。然法軍在查理五世改革下，以火砲與游擊戰術反制，應驗「兵無常勢，水無常形」之道。

1415年亨利五世重啟戰端，透過阿金庫爾戰役展現「以寡擊眾」之效，並透過《特魯瓦條約》試圖合法化統治。然而，貞德的出現改變戰局，奧爾良戰役展現《戰爭論》中「精神力量與軍事勝敗關聯」之理論。最終，法軍透過組織與士氣提升，在查理七世治下收復國土，英軍敗退。

第三部分：中世紀的封建戰爭與國家形成

百年戰爭促成法國民族意識與中央集權強化，應驗「上下同欲者勝」；英國則因戰敗陷入內亂，引發玫瑰戰爭。軍事上，火砲與步兵興起，騎士衰落，象徵著歐洲戰爭模式現代化之始，符合「勢者，因利而制權也」之軍事演進法則。

王位繼承與戰爭爆發

英法百年戰爭（1337～1453年）起因於英國與法國王位繼承權的爭議。1328年，法國卡佩王朝絕嗣，華洛瓦家族的腓力六世繼位。然而，英王愛德華三世因為其母親為前法王腓力四世之女，主張自身擁有法國王位的繼承權。這場權力之爭進一步加劇英法兩國間的對立。此外，經濟與領土爭端亦加劇戰爭的爆發，特別是佛蘭德地區的羊毛貿易問題及阿基坦公國的歸屬，使得英法關係進一步惡化。1337年，愛德華三世正式宣稱自己為法蘭西國王，法王腓力六世則收回英王在法國的領地，百年戰爭由此展開。

英軍優勢與法國反攻

戰爭初期，英軍憑藉戰術優勢與強大海軍取得勝利。1340年斯呂斯海戰中，英國摧毀法國艦隊，確保英吉利海峽的控制權。隨後的克勒西戰役（1346年）與普瓦提埃戰役（1356年）皆證明英軍長弓兵戰術的優勢，甚至俘虜法王約翰二世，使法

20 英法百年戰爭：從封建衝突到民族崛起（1337～1453）

國陷入政治混亂。然而，隨著法王查理五世（1369～1380年）進行軍事改革，法軍開始採用僱傭兵、火砲與游擊戰術，在久格克連元帥的指揮下逐步收復失土。1380年，雙方簽訂停戰協議，英軍退守沿海地區。

英軍再度入侵與貞德的崛起

1415年，英王亨利五世趁法國內亂之際發動阿金庫爾戰役，重創法軍，並於1420年簽訂《特魯瓦條約》，規定亨利五世可繼承法國王位（Sumption, 1990）。然而，法國的民族反抗運動在15世紀中葉達到高潮。1429年，貞德率軍解救奧爾良，大幅提升法軍士氣，並協助查理七世於漢斯加冕為法王。儘管貞德於1431年被俘並遭英軍處決，她的犧牲進一步凝聚法國人民的抗戰意志。1437年至1453年間，法軍在查理七世的領導下陸續收復巴黎、諾曼第與波爾多，最終將英軍逐出法國，百年戰爭結束。

戰爭影響與歐洲格局變遷

百年戰爭不僅改變了英法兩國的政治與軍事格局，也促使歐洲進入近代國家發展的新階段。對法國而言，戰爭促進民族意識的崛起，王權得到加強，封建貴族勢力衰弱，為中央集權體制的建立奠定基礎。對英國而言，戰爭的失利導致國內貴族

爭權，最終引發玫瑰戰爭（1455～1485 年），導致都鐸王朝的建立。軍事方面，步兵與火砲取代騎士成為主流，促進歐洲軍事現代化。經濟上，長期戰爭破壞法國的農業與商業，導致社會動盪，但戰後經濟恢復促成更強的國家經濟體制發展。

百年戰爭與民族國家的誕生

英法百年戰爭雖然帶來毀滅性的破壞，卻促成了民族國家的形成。法國在戰後逐漸強化中央集權，建立強大的王權體系，而英國則因戰敗陷入內部動亂，最終促成政治制度的變革。貞德的犧牲成為法國民族意識的象徵，百年戰爭也使法國成為西歐最強大的封建國家之一。這場戰爭不僅影響英法兩國，更改變了歐洲的政治版圖，為近代國家的崛起奠定了基礎。

21 札克雷起義：
中世紀農民反抗運動的里程碑（1358 年）

戰略分析

札克雷起義展現了孫子兵法中「勢」與「形」的戰略要素。農民軍的崛起順應了百年戰爭導致的社會動盪，利用封建秩序崩潰的「勢」來發動大規模反抗。然而，他們未能掌握「形」，即

21 札克雷起義：中世紀農民反抗運動的里程碑（1358年）

組織性與資源調度不足，使其優勢無法持續。戰爭論則指出，戰爭本質是政治的延續，札克雷起義缺乏堅定的政治聯盟，最終因城市階層的背叛而失敗。此外，起義軍未能有效運用戰略防禦，以游擊戰牽制封建軍隊，而是在決戰中被擊潰，這顯示了軍事指揮的薄弱。封建軍則利用「分而治之」的策略，聯合納瓦拉軍分裂敵人，並以騎兵優勢擊敗農民軍，展現了對「兵者，詭道也」的高超運用。起義的失敗雖然證明了農民軍的戰略缺陷，但其影響促成了封建制度的衰落，符合戰爭論中「戰爭改變社會結構」的核心觀點。

不對等的土地與勞動關係

14世紀的法國農村正處於封建制度的高壓統治之下，農民不僅要承擔沉重的租稅與勞役，即使贖免了人身依附義務，也仍受高利貸剝削，經濟狀況日益惡化。在此背景下，1337年爆發的英法百年戰爭進一步加劇了農民的困境。英軍與法軍在法國境內頻繁劫掠，而戰爭帶來的軍事開銷與賠款，迫使王室與貴族提高稅收，加重農民負擔。1356年普瓦提埃戰役後，法王約翰二世被俘，王太子查理推行更嚴苛的徭役改革，導致農民不滿情緒升高。與此同時，巴黎市民在商人領袖艾頓‧馬塞的帶領下發動起義，王太子查理逃離巴黎，使法國內政進一步陷入混亂，為札克雷起義的爆發埋下伏筆。

第三部分：中世紀的封建戰爭與國家形成

農民起義的爆發與擴展

1358 年 5 月 25 日，起義自巴黎北部博韋省的聖勒代瑟朗鎮爆發，農民擊敗封建軍隊後，迅速向巴黎周邊地區擴散，涵蓋皮卡第、香檳等地，最終影響法國北部大部分地區。參與者高達十萬人，成員不僅包括農民，也涵蓋手工業者、小商人、貧困教士，甚至個別小貴族。起義軍摧毀封建城堡、焚毀契約文書，並處決貴族，以「消滅一切貴族，一個不留！」作為主要口號。雖然起義缺乏完整的政治綱領，但在吉約姆·卡勒的領導下，軍隊採取較有系統的戰術，設立軍事編制與防禦工事，使起義行動更具組織性。然而，儘管農民軍展現了強烈的反抗決心，卻因缺乏強大盟友與資源支持，為最終失敗埋下隱憂。

城市背叛與封建貴族鎮壓

札克雷起義原本希望與巴黎市民建立聯盟，以獲得更大的支持，但富裕市民擔憂社會動盪，最終選擇與統治者合作，拒絕為農民提供援助。儘管艾頓·馬塞最初派遣三百名援軍支援農民，但很快便撤回，導致農民軍孤立無援。王太子查理迅速聯合納瓦拉國王「惡人」查理，組織封建騎士軍展開鎮壓。6 月 8 日，吉約姆·卡勒率軍在麥洛村與封建軍交戰，然而，他在受邀談判時遭俘虜，農民軍隊因而失去指揮，最終被騎士軍徹底擊潰。隨後，封建主發動殘酷的報復行動，6 月 24 日的大規

21 札克雷起義：中世紀農民反抗運動的里程碑（1358年）

模鎮壓中，超過兩萬名農民遭到屠殺，而吉約姆·卡勒則被施以酷刑後處決。兩個月後，封建貴族為恢復農業生產而停止屠殺，但起義已經被徹底鎮壓，農民的反抗夢想也隨之破滅。

起義影響與農民意識覺醒

儘管札克雷起義以失敗告終，但這場反封建運動卻留下了深遠的影響。農民對制度的反抗意識大幅提高，促成農村社會結構的逐步變革，使農民擺脫人身依附的趨勢加速。封建貴族雖然成功鎮壓起義，但其權威已遭到削弱，尤其是北法的封建統治動搖，社會進一步分化，為後續的農民運動提供了寶貴經驗。此外，札克雷起義的經歷也對歐洲其他地區的農民運動產生啟發，例如1381年的英國瓦特·泰勒起義及15世紀的德意志農民戰爭，皆在不同程度上受到這場運動的影響。最終，札克雷起義成為歐洲封建制度逐步衰落的象徵之一。

札克雷起義的歷史意義

札克雷起義雖然未能推翻封建制度，但它卻是中世紀西歐最重要的農民反抗運動之一。農民的勇敢反抗展現了對地主的不滿與反抗決心，儘管因為缺乏強大組織與盟友而遭鎮壓，卻對封建社會產生了不可逆轉的影響。這場運動不僅動搖了貴族統治，還推動了農民社會地位的提升，為後世的農民運動奠定

了基礎。在歐洲歷史的發展進程中,札克雷起義不僅是一場短暫的抗爭,更是一場影響深遠的社會變革的開端。

22 沃特・泰勒起義(1381 年)

戰略分析

沃特・泰勒起義展現了孫子兵法中的「兵貴勝,不貴久」原則,起義軍迅速發動攻勢,占領倫敦,取得初步勝利。然而,他們未能掌握「全勝」戰略,過早信任敵方承諾,錯失擴大戰果的機會。在戰爭論角度,這場起義反映了「戰爭是政治的延續」,農民軍若能與更強大的社會勢力聯合,例如部分城市商人或不滿的貴族,或許能夠形成更有力的政治變革。

戰術上,起義軍成功運用「勢」來調動民心,但缺乏戰略縱深與後備資源,使其戰略防禦力不足。政府軍則採取「誘敵深入」的計謀,以談判為餌誘殺領袖,再運用機動部隊迅速平亂,展現了「亂而取之」的兵法精髓。雖然起義最終失敗,但它對封建制度造成的衝擊,使英國農奴制度走向瓦解,符合戰爭論中「戰爭改變社會結構」的核心觀點。

22 沃特・泰勒起義（1381 年）

封建壓迫與社會動盪

14 世紀的英格蘭正處於封建制度發展的高峰時期，土地資源主要掌握在貴族與教會手中，農民則以佃農或勞役的形式依附於領主從事耕作。由於土地是農民賴以維生的主要資源，他們需繳納地租，並履行一定的勞務義務。當時的經濟結構使得農村居民面臨不小的負擔，生活條件較為艱困。

隨著貨幣經濟逐漸發展，部分地區的農民開始以金錢取代勞役來繳納地租，理論上增加了流動性與選擇空間，但也使地主能更靈活地調整租賃條件與徵收方式。在財政壓力與社會變遷交織下，農民的經濟壓力不減反增，部分地區出現對租稅制度與土地分配的質疑與抗議聲音。

鼠疫衝擊與勞工限制

1348 年，黑死病在歐洲爆發，英國也未能倖免，大量人口因瘟疫喪生，導致勞動力短缺。由於農民數量驟減，倖存者的勞動價值相對提高，他們希望藉此爭取更高的薪資。然而，封建領主不願讓農民擺脫束縛，反而促使英國政府於 1351 年頒布《勞工條例》，強行限制工資水準，並規定違反者將受到監禁。這些政策進一步激化社會矛盾，使農民的不滿情緒迅速升溫。

第三部分：中世紀的封建戰爭與國家形成

戰爭與稅賦壓迫

百年戰爭（1337～1453）期間，英法兩國長期對峙，英國政府為了籌措軍費，不斷增加賦稅負擔。1377年，英國政府首次徵收人頭稅，此後又在1379年和1380年兩度加徵，且稅率不斷提高，直接壓垮基層民眾的經濟負擔。農民對於貴族將戰爭成本轉嫁給他們感到極度不滿，最終在1381年爆發全面的起義。

沃特‧泰勒起義的爆發與鎮壓

1381年5月底，埃塞克斯郡農民率先發難，拒絕繳納人頭稅，進而號召各地民眾響應，起義迅速蔓延至英格蘭各地。沃特‧泰勒成為起義軍的軍事首領，而約翰‧鮑爾則負責思想動員，鼓吹社會平等理念。6月12日，起義軍攻入倫敦，釋放囚犯並焚燒政府文件，迫使年輕的國王查理二世承諾改革。然而，當部分農民信任國王的承諾並陸續解散時，政府趁機反撲。6月15日，沃特‧泰勒在與國王談判時遭倫敦市長暗殺，隨後政府軍發動鎮壓，數千名農民被殺害，約翰‧鮑爾等領袖也被處決。

社會影響與歷史意義

儘管沃特‧泰勒起義最終未能成功，但其影響不容忽視。首先，起義突顯了農民對當時社會與經濟制度的不滿，間接促使英國農奴制度逐漸鬆動，封建領主對農民的控制力亦有所減

弱。隨著農業生產方式的變化與城市經濟的興起，英國社會由以土地關係為核心的封建制度，逐步轉向以貨幣與契約為基礎的市場經濟模式。其次，這場起義在歷史記憶中留下深刻印象，後來不少社會改革思潮均受到其啟發。雖然沃特·泰勒的行動未能立刻改變制度，但其所展現出的對自由與公正的追求，成為後世改革與社會思辨的重要參考。

23 土耳其的擴張與鄂圖曼帝國的興起

戰略分析

鄂圖曼帝國的崛起展現了孫子兵法「先勝後戰」與「攻心為上」的策略。透過精銳耶尼切里兵團、外交聯姻及宗教懷柔，迅速征服並穩固統治地區。在克勞塞維茲的戰爭論角度，鄂圖曼的擴張不僅是軍事行動，更是政治與戰略的一體化，如攻陷君士坦丁堡後，開放政策吸引人口，確保帝國穩定。其軍事體系的靈活性，如西帕希騎兵與海軍並用，展現「兵無常勢」的機動戰略。然而，後期帝國因行政腐敗、軍事特權化與科技革新落後，無法適應歐洲戰場變化，印證「防禦優於進攻」的理論，最終導致衰落。鄂圖曼的興衰顯示戰爭不僅決定疆域變化，也影響政治制度與社會結構，成為歷史興亡的重要案例。

第三部分：中世紀的封建戰爭與國家形成

鄂圖曼帝國的建立與擴張

土耳其的擴張始於 14 世紀，鄂圖曼帝國從一個小小的部落政權，逐步發展為橫跨歐亞非三大洲的龐大帝國。土耳其人的祖先可以追溯到中國北方的突厥人，這些游牧民族在 5 世紀時活躍於天山和阿爾泰山之間。隨著歷史變遷，突厥人逐漸向西遷移，其中一支在 11 世紀建立了強盛的塞爾柱帝國，並成功控制了小亞細亞地區。1299 年，突厥部落首領奧斯曼一世建立了鄂圖曼國，這個新興政權在其後幾個世紀不斷壯大，最終成為主宰東地中海和巴爾幹半島的強權。

鄂圖曼帝國的對外擴張主要分為三個階段：

- **1360～1402 年**：透過戰爭擴張領土，尤其是在巴爾幹半島的戰事，使帝國疆域迅速擴展數倍。

- **1451～1512 年**：鄂圖曼經歷帖木兒帝國的侵略而短暫衰落，但隨後成功復興，滅亡了拜占庭帝國並統一了安納托利亞。

- **1512～1571 年**：帝國達到巔峰，統治領土涵蓋歐洲、亞洲和北非。然而，隨著對外戰爭的失敗，帝國開始步入衰退。

23 土耳其的擴張與鄂圖曼帝國的興起

鄂圖曼帝國在巴爾幹的擴張

1360 年，穆拉德一世即位後，開始積極進軍巴爾幹半島，利用當時歐洲內部的政治動盪擴張領土。1363 年，鄂圖曼軍攻下埃迪爾內，並進一步占領保加利亞的普洛夫迪夫。1364 年的馬查河戰役中，鄂圖曼軍以少勝多，大敗匈牙利、塞爾維亞、保加利亞和瓦拉幾亞的聯軍，從此在東南歐勢不可擋。1389 年，鄂圖曼軍隊在科索沃戰役中再次擊敗塞爾維亞聯軍，塞爾維亞被迫成為鄂圖曼的附庸國。穆拉德一世雖在戰役中被刺殺，但其子巴耶塞特一世迅速繼位，並延續帝國的擴張政策。

1396 年，歐洲基督教國家意識到鄂圖曼的威脅，組織了一支龐大的十字軍聯軍。然而，在尼科波爾戰役中，十字軍因為內部指揮混亂而慘敗，進一步鞏固了鄂圖曼在巴爾幹的統治地位。

鄂圖曼帝國的巔峰與對外征服

1451 年，穆罕默德二世登基，他最重要的成就便是 1453 年攻陷拜占庭帝國的首都君士坦丁堡，正式終結了拜占庭的統治，並將城市更名為伊斯坦堡。這場戰爭代表著中世紀的結束，也讓鄂圖曼帝國正式成為東地中海的霸主。在穆罕默德二世的統治下，帝國的領土迅速擴展至塞爾維亞、摩利亞、瓦拉幾亞、波斯尼亞及阿爾巴尼亞。

第三部分：中世紀的封建戰爭與國家形成

1512 年，塞利姆一世即位，進一步推動帝國的擴張。他的主要對手是伊朗的薩法維王朝與埃及的麥木魯克王朝。1514 年的查爾迪蘭戰役中，鄂圖曼軍大敗波斯軍隊，確保了安納托利亞東部的安全。1517 年，他征服埃及，終結麥木魯克王朝的統治，使鄂圖曼帝國成為穆斯林世界的宗教領袖。

塞利姆一世的兒子蘇萊曼一世（1520～1566 年）將鄂圖曼帝國推向巔峰。他在位期間發動了 13 次遠征，幾乎無往不利。在歐洲，蘇萊曼擊敗匈牙利軍隊，並在 1529 年圍攻維也納，雖然未能成功攻下，但已經讓歐洲各國深感威脅。在亞洲，他擊敗波斯薩法維王朝，控制了伊拉克和高加索地區。在海上，他與著名海盜巴巴羅薩聯手，擊敗西班牙、威尼斯和葡萄牙的聯合艦隊，確立了鄂圖曼在東地中海的海上霸權。

鄂圖曼帝國的軍事與行政體系

鄂圖曼帝國的成功與其軍事制度密不可分。帝國建立了一支強大的軍隊，主要由西帕希騎兵與耶尼切里兵團組成。西帕希騎兵負責維護地方秩序，耶尼切里兵團則是蘇丹的精銳部隊，由年輕的基督徒男孩經過嚴格訓練後組成。此外，鄂圖曼帝國的統治者擅長運用外交手段，如聯姻、政治聯盟等策略，確保其統治的穩固。

鄂圖曼帝國的影響

鄂圖曼帝國的擴張不僅改變了歐亞的政治格局，也對世界歷史產生深遠影響。首先，帝國的征服推動了伊斯蘭化進程，使得巴爾幹、安納托利亞和中東地區的伊斯蘭文化深植於當地社會。其次，鄂圖曼的統治方式影響了後來許多伊斯蘭國家的政治結構。最後，鄂圖曼與西方國家的對抗，也推動了歐洲的軍事與科技進步，間接促成了地理大發現與近代化的進程。

總體而言，鄂圖曼帝國從一個小小的土耳其部落崛起為世界強權，依靠的是其強大的軍事實力、精明的外交策略與穩固的統治制度。雖然帝國在 17 世紀開始走向衰落，但其影響力卻持續至今，並深刻塑造了現代土耳其及其周邊地區的歷史發展。

24 義大利戰爭：法西爭霸與歐洲格局的變遷

戰略分析

義大利戰爭（1494～1559 年）展現了孫子兵法「乘亂而攻」的戰略。法國與西班牙皆利用義大利四分五裂的局勢，藉機插手內政，將義大利變為歐洲強權角力場。法軍初期快速奪取拿坡里與米蘭，展現「速戰速決」之策，但缺乏長遠戰略，未能穩固統治。相較之下，西班牙則依靠外交聯盟與戰略防禦，如查

第三部分：中世紀的封建戰爭與國家形成

理五世聯合教皇與英國對抗法國，最終奠定霸權。

義大利戰爭的結局直接重塑歐洲格局。法國因戰爭鞏固中央集權，而西班牙透過勝利確立歐洲霸權，展現「戰略消耗」的重要性。軍事技術層面，火槍與火炮廣泛應用，促使歐洲進入近代戰爭模式。義大利則因戰爭長期蹂躪，經濟與政治陷入衰退，錯失民族統一契機，成為列強博弈的棋盤，印證「失道寡助」的歷史教訓。

戰爭背景與義大利的局勢

義大利戰爭（1494～1559年）是中世紀歐洲強權法國與西班牙為了爭奪亞平寧半島的霸權而爆發的一系列軍事衝突。這場長達六十五年的戰爭始於法國的入侵，最終以西班牙確立對義大利的控制權告終。此戰爭不僅終結了法國向南擴張的野心，也促使其國內的中央集權制度進一步鞏固；另一方面，義大利則因長年戰爭遭受嚴重破壞，經濟衰退，並進一步陷入分裂。

義大利地理位置優越，位於歐洲南端，三面環繞地中海。自中世紀以來，義大利成為東西貿易的重要樞紐，威尼斯、熱那亞、佛羅倫斯等城市憑藉商業繁榮而興起，甚至率先出現資本主義的萌芽。然而，義大利各地經濟發展不均衡，北部城市相對富裕，而南部仍以傳統封建制度為主。義大利並未形成統一的民族國家，而是由米蘭、威尼斯、佛羅倫斯、拿坡里及教

皇國等多個勢力相互競爭。這種政治四分五裂的局面，使義大利成為外國勢力競逐的戰場，也為法國與西班牙的爭奪提供了機會。

戰爭的三個階段

第一階段（1494～1504年）：法國的入侵與拿坡里之爭

戰爭的導火線來自1494年拿坡里國王斐迪南一世的去世。法國國王查理八世以安茹王朝的繼承權為由，出兵3.7萬人入侵義大利，並於1495年攻占拿坡里。然而，法軍的暴行激起當地人民反抗，義大利各公國在羅馬教皇的推動下，組成「神聖同盟」，聯手對抗法國。1495年7月6日，法軍在福爾諾沃戰役中失利，被迫撤回本土。

查理八世的繼承者路易十二不甘放棄義大利，於1499年遠征米蘭，成功奪取倫巴底地區。1500年，法國與西班牙祕密瓜分拿坡里，但因領土分配不均，雙方很快爆發戰爭。1503年，加里利亞諾戰役中，法軍慘敗，西班牙成功奪取拿坡里，確立對南義大利的控制。

第二階段（1509～1515年）：康布雷同盟戰爭

1508年，義大利各國為制衡威尼斯的擴張，組成「康布雷同盟」，成員包括法國、西班牙、羅馬教皇與「神聖羅馬帝國」。1509年，法軍在阿尼亞代洛戰役擊敗威尼斯，削弱其勢力。然

而，法國的勢力壯大引起義大利各國的警惕。1511 年，羅馬教皇、西班牙、英國、瑞士與威尼斯組成「神聖同盟」，共同對抗法國。1512 年，法軍雖在拉韋納戰役獲勝，但最終因政治形勢變化而被迫撤離倫巴底。

1515 年，法國新國王法蘭西斯一世重啟戰爭，在馬里尼亞諾戰役大敗瑞士僱傭軍，再度奪取米蘭。1516 年，法、西簽訂《努瓦永和約》，法國獲得米蘭，而西班牙則保有拿坡里。這一時期的戰爭確立了西班牙在義大利的優勢，但也未能終結雙方的爭奪。

第三階段（1521～1559 年）：西班牙確立對義大利的統治

1521 年，西班牙國王查理一世當選為「神聖羅馬帝國」皇帝（即查理五世），進一步加強了對義大利的掌控。他聯合英國、羅馬教皇與佛羅倫斯等勢力，對抗法國與威尼斯的聯軍。1525 年帕維亞戰役中，法軍慘敗，法王法蘭西斯一世被俘，這是歐洲近代戰爭史上首次俘獲在位君主的重要事件。

1526 年，法王獲釋後加入由羅馬教皇發起的「科尼亞克同盟」，企圖反抗西班牙的霸權。然而，1527 年，查理五世的軍隊攻陷羅馬（即「羅馬劫掠」事件），使教皇屈服。1529 年，法國在不利情勢下簽訂和約，放棄對義大利的主權要求。

1551 年，法王亨利二世再度挑起戰爭，但最終於 1559 年簽訂《卡托－康布雷西和約》，正式結束長達六十五年的義大利

戰爭。西班牙確立對米蘭、拿坡里、西西里與薩丁尼亞島的統治,義大利的分裂局勢進一步延續。

義大利戰爭的影響

法國的變革與發展

義大利戰爭促使法國內部的中央集權制度進一步鞏固。由於戰爭需求,法國加強了行政管理,建立更完善的稅收體系與軍隊制度。同時,戰爭推動了鑄炮、造船、印刷與採礦等工業的發展,促使法國向近代國家邁進。此外,戰爭也驗證了路易十一時代建立的專制君主制度的穩固性,使法國政治、經濟與軍事實力有所提升。

義大利的衰落與經濟崩潰

相較於法國的發展,義大利則因長期戰爭而元氣大傷。經濟遭受重創,手工業與商業萎縮,例如佛羅倫斯的呢絨產業從 15 世紀末的 2.5 萬匹驟減至 1530～1540 年間的數百匹。義大利原本活躍的城市商業與手工業發展在戰亂與政治分裂中受到嚴重影響,至 17 世紀進一步衰退,逐漸失去在歐洲經濟中的領先地位,難以與後來崛起的荷蘭與英國相抗衡。此外,義大利的政治分裂狀態未能改變,使其在未來數個世紀內無法形成統一的民族國家。

第三部分：中世紀的封建戰爭與國家形成

軍事技術與戰術的革新

義大利戰爭在軍事史上具有重要意義。火槍與青銅火炮首次在大規模戰爭中廣泛使用，砲兵成為戰場上的關鍵力量。此外，要塞攻防戰術也得到改進，攻擊方須先圍困要塞，再逐步展開攻擊。同時，戰爭期間也展現了僱傭軍的不可靠性，促使各國開始建立常備軍隊。

結論：歐洲勢力的重新洗牌

義大利戰爭代表著中世紀封建戰爭的終結與近代歐洲國家競爭的開端。西班牙在戰爭後成為歐洲霸主，而法國則因經濟與政治的發展為未來的強權崛起奠定基礎。義大利則因長期戰爭而衰弱，失去曾經的經濟與文化優勢，成為歐洲列強的角力場，直至 19 世紀才逐步走向統一。

第四部分：
歐洲近代戰爭的
共同特性與影響分析

導讀

戰爭的共同特性

1. 經濟與貿易利益驅動戰爭

　　這些戰爭中，大多數都涉及到經濟利益與貿易競爭。例如，荷蘭獨立戰爭起初是對西班牙統治的不滿所引發，隨著時間推移，也反映出當地商業與城市階層對宗教、經濟與政治自主的強烈訴求。戰爭最終導致荷蘭脫離哈布斯堡王朝的統治，建立共和體制。至於英荷戰爭，主要源於雙方在全球貿易與海上霸權上的激烈競爭，屬於以經濟利益為導向的海上軍事衝突。七年戰爭更進一步演變為全球性的殖民地戰爭，主要參戰國英、法、西、普、奧、俄等國，無不以爭奪貿易優勢與海外殖民地為核心目標。

第四部分:歐洲近代戰爭的共同特性與影響分析

2. 政治與宗教矛盾交織

許多戰爭源於政治與宗教的矛盾,例如三十年戰爭最初是神聖羅馬帝國內部天主教與新教勢力的衝突,最終演變成歐洲列強之間的權力競爭。英國內戰則是清教徒與聖公會(國教)之間的衝突,最終影響了英國政治制度的變革。荷蘭獨立戰爭和俄波戰爭同樣具有宗教因素,前者是新教徒對抗天主教西班牙,後者則涉及東正教俄國與天主教波蘭對烏克蘭的爭奪。

3. 霸權爭奪與地緣政治競爭

從 16 世紀到 18 世紀,歐洲的強權逐步更迭,戰爭成為各國爭奪霸權的重要手段。例如,英西加萊海戰是英國挑戰西班牙霸權的戰役,戰後英國逐步崛起。北方戰爭則是俄國推翻瑞典在波羅的海的霸權,確立其歐洲列強地位的戰爭。七年戰爭則是英、法全球霸權競爭的關鍵戰役,確立英國成為 19 世紀的世界超級強權。

4. 軍事技術與戰略的發展

這些戰爭推動了軍事技術與戰略的變革。例如,英荷戰爭發展出「單縱陣戰術」,改變了海戰模式。北方戰爭中,彼得大帝透過現代化改革,強化俄軍的戰術與火炮裝備,使俄國軍隊躍升為歐洲一流強權。普魯士在七年戰爭中運用「斜線戰術」,有效提升機動作戰能力,影響後來拿破崙戰爭的軍事策略。

5. 國際聯盟與外交戰略影響戰爭結果

大多數戰爭都涉及多國聯盟。例如，三十年戰爭初期是新教與天主教兩大陣營的對抗，後來法國加入戰爭，以維持歐洲的均勢。英國在西班牙王位繼承戰爭與七年戰爭中，利用聯盟外交來壓制法國的擴張。奧地利王位繼承戰爭則顯示出普魯士與奧地利之間的對抗如何影響德意志地區的權力格局。

戰爭的影響分析

1. 對國際格局的影響：霸權轉移與勢力重組

這些戰爭改變了歐洲的國際秩序：

- **西班牙的衰落**：英西加萊海戰與荷蘭獨立戰爭後，西班牙失去海上霸權，逐步衰落。
- **荷蘭的短暫崛起與衰退**：荷蘭獨立後，在 17 世紀一度成為海上強權，但在英荷戰爭後逐步被英國取代。
- **英國的崛起**：英國透過英西加萊海戰、英荷戰爭與七年戰爭，最終成為世界海上霸主，為「日不落帝國」的形成奠定基礎。
- **法國的興衰**：法國在西班牙王位繼承戰爭後失去歐洲霸權，在七年戰爭中進一步喪失大量殖民地，削弱全球影響力，最終導致國內政治危機。

- **俄國的崛起**：北方戰爭確立俄國的波羅的海優勢，使其成為歐洲主要強權，並在後續的戰爭中持續擴張。

2. 促成國家體制與社會變革

- **君主專制受到挑戰**：英國內戰促成了議會至上的概念，最終導致 1688 年光榮革命與君主立憲制的建立。荷蘭獨立戰爭的勝利促成荷蘭共和國的建立，成為歐洲歷史上少數實行共和制度的國家之一。其政治與經濟制度的創新，對後來的民主思想與政治發展產生了一定影響，也被視為近代政治轉型的重要先例。

- **國家軍事體系現代化**：七年戰爭後，歐洲各國開始建立職業化的軍隊，改變傳統的封建募兵制。普魯士的軍事改革為後來德意志統一奠定了基礎。

- **戰爭推動中央集權**：俄波戰爭後，俄國進一步強化中央集權，進入彼得大帝的改革時期，推動國家現代化。奧地利王位繼承戰爭後，瑪麗亞·特蕾西亞推動內部改革，強化行政與軍事系統，為哈布斯堡王朝後續的發展奠定基礎。

3. 加速資本主義與殖民經濟發展

- **英國建立全球殖民經濟體系**：七年戰爭結束後，英國成為全球貿易與殖民地的霸主，掌控北美、加勒比海、印度等地，為 19 世紀的工業革命提供市場與資源。

24 義大利戰爭：法西爭霸與歐洲格局的變遷

- **法國殖民帝國受創**：七年戰爭後，法國失去加拿大與印度的影響力，殖民競爭中全面落敗，影響法國的經濟發展與國內財政。
- **資本主義興起**：英荷戰爭後，倫敦取代阿姆斯特丹成為歐洲金融中心，推動全球商業革命與資本主義擴展。

4. 戰爭對歐洲均勢概念的影響

- **《西發里亞和約》確立主權國家體系**：三十年戰爭後的《西發里亞和約》確立「主權國家」的概念，影響後來國際關係的發展。
- **歐洲開始推行「均勢外交」**：西班牙王位繼承戰爭後，歐洲列強開始透過聯盟制衡強權，確保國際力量不過度集中。

歐洲近代戰爭：
從霸權競爭到現代世界秩序的建立

歐洲近代戰爭不僅是各國爭奪霸權的武力競爭，也影響了國家制度、經濟發展與國際關係的變遷。這些戰爭促成了君主立憲制的興起、資本主義的擴張、全球殖民體系的變革，並確立了歐洲近代國際秩序的基本框架。這些影響持續延伸到19世紀，最終塑造了現代世界的格局。

第四部分：歐洲近代戰爭的共同特性與影響分析

25 荷蘭獨立戰爭：
通往共和與商業國家的轉折點

戰略分析

荷蘭獨立戰爭展現了孫子兵法「以正合，以奇勝」的戰略。荷蘭軍隊採用游擊戰與靈活的海上襲擊，「海上乞丐」利用西班牙軍的補給弱點，以水戰為主，切斷敵方後勤，達成「避實擊虛」的戰略目標。此外，「誓絕法案」的發布展現了「攻心為上」，透過意識形態與民族情感，使戰爭不僅是軍事衝突，更是政治革命。

荷蘭獨立戰爭的勝利不僅結束了西班牙的統治，也促成了荷蘭共和國的建立，象徵著一種新型國家形態的出現，其開放的商業制度與政治實驗對近代歐洲國家的發展產生深遠影響。

荷蘭透過外交與軍事雙管齊下，如利用英法抗衡西班牙，確保自身存續，符合「分而治之」策略。最終，荷蘭在直布羅陀海戰後確立海上霸權，西班牙則因戰爭消耗逐漸衰弱，印證了「防禦優於進攻」的戰略核心。此戰不僅改變歐洲政治格局，也為後來的英國與美國革命奠定基礎，影響深遠。

25 荷蘭獨立戰爭：通往共和與商業國家的轉折點

荷蘭經濟的繁榮與西班牙的統治壓迫

16世紀的荷蘭是西歐經濟最發達的地區之一，擁有高度繁榮的貿易與工業。布魯日與安特衛普成為國際金融與商業中心，而阿姆斯特丹則壟斷波羅的海貿易，確立了荷蘭作為海上貿易強國的地位。造船、紡織、玻璃、皮革等產業迅速發展，推動資本主義經濟模式的崛起。然而，荷蘭自15世紀中葉以來一直受西班牙哈布斯堡王朝的統治，西班牙國王腓力二世施行高壓政策，不僅經濟上剝削荷蘭，更在宗教上強行推行天主教，並利用宗教裁判所迫害新教信徒。此外，西班牙軍隊長期駐紮荷蘭，進一步激化了當地人民的不滿，開始聯合起來對抗西班牙的統治。

反抗運動的興起與荷蘭的聯合

1566年，「破壞聖像運動」成為戰爭的導火線。憤怒的喀爾文派信徒衝入天主教堂，砸毀聖像與祭壇，象徵著對西班牙宗教迫害的強烈抗議。這場運動迅速蔓延至各地，最終促使西班牙加強鎮壓。1568年，腓力二世派遣阿爾瓦公爵率領大軍鎮壓，並設立「血腥法庭」，大規模處決新教徒與反抗者。然而，奧倫治親王威廉並未因此退縮，他在海外組織軍隊，展開對抗西班牙的軍事行動。1572年，荷蘭的游擊隊「海上乞丐」成功占領布里勒，掀起北方省份的大規模起義，西班牙的統治開始動搖。

1576 年，南北各省簽署《根特和約》，決定共同對抗西班牙。然而，由於宗教差異，南部省份仍然傾向天主教，導致最終的分裂。1579 年，北方新教省份簽署《烏得勒支同盟》，成為未來荷蘭共和國的基礎。

正式獨立與西班牙的反撲

1581 年，《誓絕法案》正式宣布荷蘭脫離西班牙統治，拒絕承認腓力二世的君權，象徵著荷蘭獨立的政治宣言。隨後，荷蘭聯省共和國成立，成為近代歐洲首個成功建立的共和政體，對後世的政治發展與國家治理模式產生了深遠影響。然而，西班牙不甘心失去荷蘭，持續發動反撲。1584 年，奧倫治親王威廉遭西班牙刺客暗殺，對荷蘭造成巨大打擊，但他的兒子毛里茨親王接任總司令，成功擊退西班牙軍隊。1600 年，荷蘭在紐波特會戰中擊敗西班牙，並於 1607 年的直布羅陀海戰重創西班牙艦隊，確立荷蘭的海上霸權。最終，1609 年，西班牙被迫與荷蘭簽訂《十二年停戰協定》，實際上承認荷蘭的獨立。

荷蘭的獨立與歐洲政治格局的變遷

雖然 1609 年簽訂的《十二年停戰協定》暫時中止了戰事，但直到 1648 年《西發里亞和約》簽訂後，西班牙才正式承認荷蘭聯省共和國的獨立。這場戰爭的勝利象徵地方政權對抗強大君

25 荷蘭獨立戰爭：通往共和與商業國家的轉折點

主體制的重大突破，也對歐洲的政治格局產生了深遠影響。荷蘭脫離西班牙統治後迅速崛起為貿易強國，創建東印度公司，掌握東方貿易主導權，使阿姆斯特丹成為當時歐洲的金融與商業中心。同時，荷蘭的經驗對其他地區的政治運動產生啟發，如 1640 年的英國內戰與 1775 年的美國獨立戰爭，成為近代政治轉型與國家建構的重要參考。

荷蘭獨立戰爭的歷史意義

荷蘭獨立戰爭不僅是一場爭取宗教與政治自主的運動，也對歐洲近代歷史產生深遠影響。戰爭的勝利促成荷蘭共和國的建立，打破了當時哈布斯堡王朝對該地區的統治，並成為歐洲少數實行共和制度的國家之一。荷蘭隨後發展出較為開放的經濟與政治體制，對後來的民主理念與商業社會的形成產生了示範作用。荷蘭的海上霸權在 17 世紀達到巔峰，成為「海上馬車夫」，影響世界貿易格局。此外，這場戰爭也導致西班牙的衰落，削弱其歐洲霸權地位，為法國與英國的崛起鋪平道路。荷蘭的成功促進了歐洲的啟蒙運動與宗教寬容政策，使更多國家開始推動開放的政治與經濟改革。總體而言，荷蘭獨立戰爭不僅改變了歐洲的歷史進程，也為全球範圍內的民主與自由運動奠定了基礎。

26 英西加萊海戰：
英國崛起與西班牙衰落的分水嶺

戰略分析

加萊海戰（1588 年）展現了孫子兵法「以正合，以奇勝」的策略。西班牙「無敵艦隊」依賴傳統重型戰艦與登船肉搏，而英國則運用靈活機動的輕型艦艇與遠距離火炮戰術，發揮「避實擊虛」的優勢。此外，英軍巧妙運用「火船戰術」，擾亂敵軍陣型，使西班牙陷入混亂，展現「亂而取之」的精髓。

加萊海戰不僅決定了英西海上霸權，更象徵著歐洲勢力格局的轉變。英國憑藉海戰勝利，奠定日後全球海上霸權，並開啟海外殖民時代，逐步取代西班牙的世界影響力。同時，戰爭催生了海戰技術變革，機動戰術與遠距離炮擊取代傳統近戰，開啟現代海軍戰爭時代。這場戰役不僅終結了西班牙的黃金時代，更為英國的全球霸權鋪平道路，影響深遠。

西班牙的殖民壟斷與英國的挑戰

16 世紀是歐洲海上勢力擴張的時代，西班牙與英國作為當時最強大的兩個海洋國家，展開了激烈競爭。西班牙憑藉龐大的殖民帝國與「無敵艦隊」控制美洲至歐洲的貴金屬貿易，支撐其成為歐洲最強大的軍事帝國。根據歷史統計，16 世紀中葉西

26 英西加萊海戰：英國崛起與西班牙衰落的分水嶺

班牙從美洲運回的黃金與白銀占全球貴金屬開採總量的83%，使其擁有壓倒性的財富與軍力。然而，英國則透過私掠船、商業冒險與圈地運動累積財富，並在伊莉莎白一世的支持下，逐步挑戰西班牙的壟斷地位。英國的私掠船，如法蘭西斯·德雷克與約翰·霍金斯，多次襲擊西班牙商船，奪取大量財寶，進一步加劇了兩國之間的矛盾。此外，英格蘭的宗教改革使其成為新教國家，而西班牙則是天主教的堅定擁護者，這場宗教分歧更使得兩國政治關係惡化。1587年，英國處決蘇格蘭女王瑪麗，成為西班牙國王腓力二世決定發動戰爭的導火線，1588年的加萊海戰因此成為英西爭奪海上霸權的關鍵戰役。

無敵艦隊的遠征與英國的防禦

為了征服英格蘭並恢復天主教統治，西班牙國王腓力二世派遣「無敵艦隊」，共134艘戰艦與2.1萬名步兵，計劃與法蘭德斯的陸軍會合，進攻倫敦。西班牙艦隊的戰術依賴傳統的「登船肉搏戰」，重型艦船主要以接舷後展開近戰為主。然而，英國的海軍統帥霍華德勳爵與副帥德雷克則採取機動戰術，依靠小型、靈活且火力強大的艦艇來對抗西班牙艦隊。英軍利用遠距離炮擊戰術，以較長射程的火炮攻擊西班牙艦隊，避免進入敵軍的近戰範圍。此外，英軍在8月7日夜間發動「火船戰術」，將6艘點燃的火船順風駛向西班牙艦隊，使得「無敵艦隊」陷入混亂，被迫解纜撤退，戰鬥隊形完全瓦解。

第四部分：歐洲近代戰爭的共同特性與影響分析

加萊會戰與西班牙的覆滅

8月8日，雙方在加萊附近的北海展開決戰。由於前一夜的火船攻擊，西班牙艦隊隊形凌亂，英軍趁機發動猛烈的遠距離炮擊。英國艦隊憑藉快速機動與密集炮火，擊沉多艘西班牙戰艦，而西班牙的重型艦船則因行動遲緩、彈藥不足，無法組織有效反擊。在無法重新集結的情況下，西班牙艦隊被迫向北撤退，試圖繞過蘇格蘭與愛爾蘭返回西班牙。然而，在撤退過程中，艦隊遭遇強烈暴風雨，導致大量戰艦沉沒，最終僅43艘戰艦倖存，數千名士兵與船員喪生。相較之下，英軍幾乎沒有艦船損失，陣亡人數不到200人。加萊海戰徹底粉碎了西班牙的征服計畫，也象徵著「無敵艦隊」神話的終結。

海戰影響與全球格局變遷

加萊海戰的勝利使英國正式崛起為歐洲新的海上霸主，而西班牙則從海洋霸權逐漸衰落。隨著西班牙海軍實力受損，其殖民帝國逐漸受到英國、法國與荷蘭的挑戰，黃金時代走向終結。英國則藉此機會擴展海外殖民勢力，1607年建立北美第一個永久殖民地詹姆士敦，1620年「五月花號」清教徒移民至北美，並在17世紀成立東印度公司，壟斷亞洲貿易，逐步取代西班牙的全球影響力。加萊海戰也帶來海戰戰術的重大變革，遠距離火炮戰取代傳統的登船肉搏，輕型戰艦因其高機動性與

加萊海戰的歷史意義

1588 年的加萊海戰不僅是英西兩國之間的一場戰爭,更是全球歷史的重大轉折點。西班牙的衰落與英國的崛起,改變了歐洲的勢力格局,並為近代殖民帝國的發展奠定基礎。這場戰役象徵著現代海軍戰術的誕生,火炮戰與機動戰術取代了傳統的肉搏戰,而英國則藉由這場勝利,一躍成為世界最強的海洋國家。隨著英國控制海洋貿易,建立全球殖民帝國,其影響力遍及北美、印度、澳洲與非洲,最終發展成為全球第一強國。加萊海戰的勝利,成為英國稱霸世界的開端,也奠定了近代世界秩序的雛形。

27 三十年戰爭(1618～1648):歐洲霸權與宗教戰爭的交織

宗教與權力的衝突

三十年戰爭(1618～1648 年)最初是神聖羅馬帝國內部的新舊教衝突,但隨著戰爭進程的發展,它逐漸演變為歐洲列強

第四部分：歐洲近代戰爭的共同特性與影響分析

爭奪霸權的全面戰爭。16 世紀宗教改革後，德國分裂為新教與天主教兩大陣營，新教諸侯組成「新教同盟」(1608 年)，而天主教勢力則成立「天主教同盟」(1609 年)，彼此對峙。除了宗教矛盾，神聖羅馬帝國皇帝試圖強化中央集權，卻遭到德意志諸侯的強烈抵制。此外，西班牙與奧地利的哈布斯堡王朝支持天主教，而法國、瑞典、荷蘭與英格蘭則支持新教，以防止哈布斯堡勢力擴張。1618 年，捷克波希米亞地區的新教徒因不滿哈布斯堡王朝的宗教政策，在布拉格發動「擲出窗外事件」，成為三十年戰爭的導火線，歐洲陷入長達三十年的衝突。

戰爭的擴大與國際化

戰爭可分為四個階段，從最初的德國內戰逐步升級為歐洲大戰。

第一階段 (1618～1625 年)

波希米亞的新教貴族反抗哈布斯堡王朝，起初獲得部分勝利，但在 1620 年的「白山戰役」中慘敗，捷克失去獨立，成為奧地利的一部分，新教勢力遭到鎮壓。

第二階段 (1625～1629 年)

丹麥國王克里斯蒂安四世為支援北德新教勢力，率軍進攻神聖羅馬帝國，卻在 1626 年的「德紹戰役」中敗北，最終簽署《呂貝克和約》，退出戰爭。

27 三十年戰爭（1618～1648）：歐洲霸權與宗教戰爭的交織

第三階段（1630～1635年）

瑞典國王古斯塔夫・阿道夫二世率軍登陸德國，先後在「布萊登菲爾德戰役」（1631年）與「呂岑戰役」（1632年）擊敗哈布斯堡軍隊，成功扭轉戰局。然而，古斯塔夫二世在呂岑戰役中戰死，瑞典軍隊士氣受挫，並於1634年「諾德林根戰役」中敗北，迫使瑞典尋求法國的介入。

法國的參戰與哈布斯堡的衰落

第四階段（1635～1648年）

法國首相黎塞留為了防止哈布斯堡王朝控制歐洲，決定直接參戰，與瑞典聯手對抗西班牙與奧地利哈布斯堡勢力。戰爭擴展至西歐與北歐，並在1643年的「羅克魯瓦戰役」中，法軍重創西班牙軍隊，使西班牙國力大幅衰退。同時，瑞典軍隊在北德地區持續進攻，迫使哈布斯堡王朝節節敗退。1648年，戰爭在全面消耗下走向終結，各國簽署《西發里亞和約》，正式結束這場影響深遠的戰爭。

戰爭的影響與歐洲格局變遷

三十年戰爭使德國陷入長期分裂，戰後約有300多個小國獨立運作，導致德國無法成為統一的強國。此外，德國戰場經濟崩潰，約三分之一人口死亡，部分地區甚至減少六成人口，

農業與手工業受到嚴重破壞，使其在歐洲經濟中的地位大幅下降。相對而言，法國透過戰爭獲得洛林與亞爾薩斯等地，成為歐洲新的霸主，開啟波旁王朝的黃金時代。同時，荷蘭與瑞士正式獲得獨立，西班牙則因國力消耗嚴重，逐步喪失全球霸權。此外，瑞典透過戰爭獲得波羅的海沿岸領土，成為北歐的強國。在國際體系方面，《西發里亞和約》確立了「主權國家」概念，各國承認彼此主權，為現代國際關係奠定基礎，宗教自由原則亦獲確立，使新教與天主教的衝突趨於緩和。

主權國家的誕生與歐洲霸權更迭

三十年戰爭不僅是一場宗教衝突，更是一場歐洲列強的權力爭奪戰。最終，法國取代西班牙成為歐洲霸主，德國陷入長期分裂，荷蘭與瑞士正式成為獨立國家，而瑞典則崛起為北歐強權。《西發里亞和約》確立了主權國家體系，為現代國際政治奠定基礎，使歐洲逐漸由封建統治邁向近代國家體制。三十年戰爭的結束，不僅改變了歐洲的權力平衡，也為後續的國際關係發展奠定了模式，影響深遠。

28 英國內戰 (1642～1651)：
現代憲政與共和思想的萌芽

戰略分析

從《孫子兵法》的角度來看，英國內戰的核心在於「勢」的掌握與「權」的運用。《孫子兵法》強調：「不戰而屈人之兵，善之善者也。」（孫武，《孫子兵法·謀攻篇》）。然而，國王與國會之間的對立已無法透過政治妥協解決，戰爭成為權力轉移的最終手段。克倫威爾運用嚴格的軍紀與靈活戰術，建立「新模範軍」，形成強大的軍事優勢，而查理一世則因缺乏財政與軍事基礎，在戰略布局上始終處於劣勢。

英國內戰實質上是一場圍繞君主權力與議會權限之間的政治衝突，反映出英國社會在傳統王權與新興政治力量之間的權力重組。議會軍擁有更強的財政支持與組織能力，透過聯盟與軍事改革，逐步擊敗王軍。而查理一世則未能有效運用盟友，導致戰略孤立，最終被推翻並處決。英國內戰的戰略本質，正是權力結構轉變過程中的軍事與政治雙重較量。

資本主義興起與專制王權的矛盾

英國內戰的爆發與 16～17 世紀英國社會的經濟與政治變遷密切相關。16 世紀以來，圈地運動使大量農民失去土地，轉

第四部分：歐洲近代戰爭的共同特性與影響分析

而成為城市中的勞動人口，促進農業生產方式的轉變與商品經濟的擴展。同時，商業與手工業的興盛使城市商人與新興地主階層的經濟實力日益壯大，他們不再滿足於經濟地位，開始要求更多政治參與與制度保障。

然而，查理一世試圖強化王權，透過擅自徵稅、解散國會等手段排除議會的牽制，導致與議會之間的矛盾日益尖銳。1628年，國會通過《權利請願書》，要求國王不得在未經國會同意的情況下徵稅，亦不得非法逮捕臣民，但查理一世拒絕遵守，使雙方對立進一步升級。

宗教衝突亦成為導火線之一。許多清教徒主張進一步改革宗教制度，支持議會的改革主張，而國王則堅持維護英國國教會體制，對異議宗教勢力採取壓制政策。1640年，查理一世因財政困難被迫召開「長期國會」，議會趁機要求限制君主權力，國王則企圖以武力解決爭端，最終引發1642年的內戰。

第一次內戰與議會軍的崛起（1642～1646）

內戰爆發後，英國社會形成兩大對立陣營。王軍（保皇派）由貴族、天主教徒與英國國教勢力支持，主要控制北部與西部農村地區。而國會軍（議會派）主要由新興地主、城市商人以及清教徒所支持，控制著倫敦及英格蘭東南部等經濟較為發達的地區，並掌握相對充足的財政資源與海上力量，成為抗衡王權

28 英國內戰（1642～1651）：現代憲政與共和思想的萌芽

的重要勢力。

戰爭初期（1642～1643），雙方軍力接近，1642年「埃吉山戰役」中，雙方激戰未能分出勝負，但國會軍成功守住倫敦。1643年，王軍一度控制全國五分之三的土地，使國會軍陷入劣勢。然而，隨著克倫威爾的「鐵騎軍」崛起，戰局開始逆轉。1644年「馬斯頓荒原戰役」中，克倫威爾指揮國會軍取得決定性勝利，王軍開始走向敗局。1645年，議會建立「新模範軍」，採用現代化軍事制度，加強統一指揮與裝備。在1645年「內斯比戰役」中，克倫威爾的騎兵粉碎王軍主力，查理一世敗退，1646年被俘，第一次內戰結束。

第二次內戰與查理一世的處決（1648～1649）

1647年，雖然查理一世已被俘，但他仍暗中聯絡蘇格蘭與長老派勢力，試圖東山再起。1648年，他勾結蘇格蘭發動第二次內戰，但國會軍憑藉「新模範軍」的高效作戰能力迅速擊敗王軍。同時，克倫威爾意識到王權已無法與議會共存，主張徹底清算查理一世。1649年1月30日，查理一世被送上斷頭臺，成為歐洲歷史上第一位被公開處決的國王，封建君主專制正式宣告終結。隨後，國會宣布成立共和國（「英格蘭聯邦」），由克倫威爾實際掌權。

第四部分：歐洲近代戰爭的共同特性與影響分析

克倫威爾的戰爭與共和國的鞏固（1649～1651）

共和國成立後，克倫威爾面臨來自愛爾蘭與蘇格蘭的挑戰。1649年，他率軍征服愛爾蘭，血洗德羅赫達與威克斯福德，鎮壓天主教反叛勢力。1650年，蘇格蘭擁立查理二世（查理一世之子）為王，克倫威爾發動「鄧巴戰役」擊敗蘇格蘭軍，最終在1651年「伍斯特戰役」中徹底擊敗查理二世，迫使他逃往法國，英國正式進入共和國時代（1649～1660）。

然而，克倫威爾後期實行軍事獨裁，並在1653年解散國會，自任「護國主」。雖然他維持國內穩定並推動軍事改革，但獨裁統治也引發不滿。1660年，他死後兩年，英國迎來王政復辟，查理二世返回英格蘭登基，終結共和國時代。

英國內戰對民主制度的影響

英國內戰的結果，改變了傳統的政治權力格局，提升了新興社會階層在政治體制中的地位，為英國日後的憲政與民主發展奠定了基礎。雖然克倫威爾所領導的共和政體最終轉向軍事集權，但內戰期間，查理一世於1649年被處決，象徵「君權神授」理念的重大挑戰與轉折。在經濟方面，戰後政治勢力的變化促使土地制度與生產方式進一步調整，圈地運動加速推進，有助於農業商業化、手工業成長與海外貿易的拓展，推動英國逐步邁向工業化與海上強權的地位。軍事上，「新模範軍」建立現

代國家陸軍制度,影響後來歐洲軍隊發展。最重要的是,1688年「光榮革命」的發生,確立君主立憲制,國王須受國會制約,英國逐步邁向民主制度。英國內戰雖然血腥殘酷,但它奠定了從君主專制到憲政民主的歷史轉折,對後世影響深遠。

29 英荷戰爭:海上霸權的更迭

戰略分析

從《孫子兵法》的視角來看,英荷戰爭的關鍵在於「勢」與「權」的爭奪。孫子曰:「夫未戰而廟算勝者,得算多也;未戰而廟算不勝者,得算少也。」(《孫子兵法・計篇》)。英國通過《航海法案》確立經濟優勢,並發展強大海軍,以長遠的戰略準備迎戰荷蘭。相比之下,荷蘭雖然擁有龐大商業帝國,但未能適應海軍戰術變革,導致其貿易壟斷地位逐漸被英國取代。

英荷戰爭不僅是海上貿易與殖民利益的衝突,更是歐洲勢力重組的重要一環。英國透過軍事手段削弱荷蘭的經濟優勢,最終奪取全球海權,為後來的大英帝國奠定基礎。而荷蘭則因國力不足,加上與法國的同時戰爭,最終無力維持海上霸權,導致國際影響力衰退。

第四部分：歐洲近代戰爭的共同特性與影響分析

英荷海權競爭的背景

17世紀初，荷蘭憑藉強大的海上貿易與航運業，成為世界第一的商業強國，被譽為「海上馬車夫」。荷蘭東印度公司控制亞洲香料貿易，西印度公司則在美洲與非洲經營殖民地，形成全球貿易壟斷。然而，英國隨著資本主義發展，開始挑戰荷蘭的海上霸權。1651年，英國議會通過《航海法案》，規定所有進口英國的貨物必須由英國船隻或原產地國家的船隻運輸，此舉嚴重打擊荷蘭的航運業，成為英荷戰爭的直接導火線。此外，兩國在北美、加勒比海、南非、東南亞等地區的殖民地利益衝突加劇，雙方從商業競爭逐步演變為全面戰爭。

第一次英荷戰爭（1652～1654）
——海上戰術的變革

1652年，荷蘭拒絕承認英國的《航海法案》，雙方海軍開始衝突。初期，荷蘭艦隊在戰術上仍採用靈活的分散編隊，試圖以快速機動優勢應對英國海軍。然而，英國海軍在戰爭中發展出「單縱陣戰術」（Line of Battle），讓戰艦依序排成一列，集中火力擊敗敵人，這一創新戰術徹底改變了海戰模式。

關鍵戰役：

- 普利茅斯海戰（1652年）：英軍取得初步優勢，迫使荷蘭艦隊後撤。

- 波特蘭海戰（1653 年）：英國海軍成功運用單縱陣戰術，擊沉多艘荷蘭戰艦，改變戰爭態勢。
- 謝文根海戰（1653 年）：荷蘭海軍遭受慘重損失，名將特倫普戰死，導致荷蘭徹底喪失制海權。

戰爭結果：

1654 年，荷蘭被迫簽訂《西敏和約》，承認英國的《航海法案》，並喪失對英國貿易的控制權，第一次英荷戰爭以荷蘭的失敗告終。

第二次英荷戰爭（1665～1667）
——殖民地利益的爭奪

1665 年，英國為擴大北美殖民地，發動第二次英荷戰爭，試圖奪取荷蘭的海外據點。

關鍵戰役：

- 敦克爾克海戰（1666 年）：荷蘭海軍名將米希爾・德・魯伊特指揮艦隊擊敗英軍，但未能決定戰局。
- 北福倫角海戰（1666 年）：英軍反擊，重創荷蘭艦隊，戰局對英國有利。
- 梅德韋港突襲（1667 年）：荷蘭海軍突襲英國泰晤士河，摧毀英國旗艦，甚至拖走英國皇家戰艦「查理國王號」，使英國蒙受重大恥辱，迫使英國求和。

戰爭結果：

1667 年簽訂《布雷達和約》，英國獲得北美「新阿姆斯特丹」，並改名為「紐約」。荷蘭保住南美蘇利南殖民地，英國則在《航海條例》上做出部分讓步，允許荷蘭船隻運送特定貨物。然而，荷蘭雖在戰場上取得戰術勝利，卻無法阻止英國的長期崛起。

第三次英荷戰爭（1672 ～ 1674）
── 荷蘭的最後掙扎

1672 年，法國國王路易十四聯合英國，企圖瓜分荷蘭，發動「荷法戰爭」，英國趁機對荷蘭海軍發動進攻。

關鍵戰役：

- 索爾灣海戰（1672 年）：英法聯軍突襲荷蘭艦隊，但未能取得決定性勝利。
- 特克塞爾海戰（1673 年）：荷蘭名將米希爾・德・魯伊特成功擊敗英法艦隊，保衛荷蘭本土。

戰爭結果：

1674 年，英國簽署《西敏和約》，退出戰爭，承認 1667 年《布雷達和約》的條款。雖然荷蘭沒有在戰場上徹底失敗，但國力已嚴重衰退，無法再與英國爭奪全球海權。

英國海上霸權的確立與荷蘭的衰落

英荷戰爭的結果確立了英國作為世界海上霸主的地位,並為日後大英帝國的建立奠定基礎。荷蘭從世界第一的海軍強國跌落為二流國家,倫敦取代阿姆斯特丹,成為歐洲金融與貿易中心。海軍技術方面,英國發明的「單縱陣戰術」成為近代海戰的標準,象徵著海軍戰略的現代化。此外,英國透過對北美與加勒比地區的殖民擴張,進一步鞏固了全球貿易優勢。

英荷戰爭象徵著世界貿易與海權的轉變,從17世紀起,英國逐步建立全球貿易網絡,進入「三角貿易」時代,為後來的工業革命提供經濟基礎。同時,荷蘭的衰落使法國成為英國新的主要競爭對手,兩國在18～19世紀展開長達百年的全球霸權爭奪戰。這場戰爭不僅改變了歐洲勢力平衡,也為世界海上霸權的更替奠定了歷史基礎。

30 俄波戰爭:烏克蘭的命運與歐洲勢力平衡的變遷

戰略分析

從《孫子兵法》的視角來看,俄波戰爭的本質是對「勢」的爭奪。孫子曰:「凡戰者,以正合,以奇勝。」(《孫子兵法・軍爭

第四部分：歐洲近代戰爭的共同特性與影響分析

篇》)。俄國運用「正」的策略，以軍事進攻波蘭立陶宛聯邦，配合「奇」的策略，聯合烏克蘭哥薩克勢力，使波蘭腹背受敵。此外，俄國在戰爭初期採取多路進攻戰略，一舉奪取大片領土，並利用波蘭面對瑞典威脅的機會穩固戰果，展現其高超的戰略靈活性。

克勞塞維茲在《戰爭論》中提到：「戰爭的終極目標是強加政治意志於敵人。」這場戰爭的核心並非單純的軍事較量，而是東歐勢力格局的重塑。俄國以戰爭為手段，確立在烏克蘭的影響力，並對波蘭進行戰略遏制，使其國力逐步削弱。烏克蘭雖然尋求獨立，但因內部分裂，最終淪為大國爭奪的犧牲品，未能建立自主的國家體系。

烏克蘭的戰略地位與俄波對立的根源

17世紀的東歐，波蘭－立陶宛聯邦與俄國爭奪地區霸權，而烏克蘭成為雙方爭奪的核心戰場。14世紀後，烏克蘭逐步納入波蘭控制，但當地的哥薩克人不滿波蘭貴族的統治，逐漸形成獨立勢力。他們是來自流亡農民、武士與城市貧民的軍事社區，既是戰士也是農民，擁有強大的戰鬥力。波蘭試圖將哥薩克人納入封建體制，但壓迫政策激起強烈反抗，最終導致1648年赫梅爾尼茨基領導的大規模哥薩克起義。

赫梅爾尼茨基在戰爭初期連續擊敗波蘭軍隊，迫使波蘭承認其自治地位。然而，由於哥薩克軍事與經濟資源有限，赫梅爾尼茨基不得不尋求外援。1654年，他與俄國簽訂《佩列亞斯

30 俄波戰爭：烏克蘭的命運與歐洲勢力平衡的變遷

拉夫條約》，宣布烏克蘭接受俄國保護，這一舉動導致俄國正式介入戰爭，與波蘭爆發全面衝突，象徵著俄波戰爭的開始。

第一階段（1654～1656）──俄國的快速進攻與瑞典的介入

1654年，俄國沙皇阿列克謝一世派遣10萬大軍，分三路向波蘭發動攻勢，並與哥薩克聯軍協同作戰，迅速占領大片土地。

北線戰事（白俄羅斯與立陶宛地區）：

- 俄軍攻克波洛茨克、維帖布斯克、斯摩稜斯克，進軍立陶宛核心地區。
- 1655年夏季，俄軍占領明斯克、維爾紐斯，迫使波蘭－立陶宛聯邦陷入崩潰邊緣。

南線戰事（烏克蘭）：

- 哥薩克聯軍配合俄軍，擊敗波蘭軍，推進至西烏克蘭。
- 1655年9月，聯軍包圍利沃夫，占領盧布林，威脅華沙。

然而，1655年瑞典國王卡爾十世突然對波蘭發動入侵（「瑞典洪水時期」），使波蘭陷入雙重戰爭。瑞典軍隊迅速占領華沙與克拉科夫，迫使波蘭國王楊·卡希米爾流亡西利西亞。面對瑞典的威脅，波蘭貴族決定暫時與俄國和解，1656年雙方簽訂停戰協議，共同對抗瑞典，俄波戰爭第一階段告一段落。

第二階段（1658～1667）——烏克蘭內部分裂與波蘭的反攻

1657 年赫梅爾尼茨基去世後，烏克蘭內部出現嚴重分裂。新任哥薩克領袖伊凡・維霍夫斯基倒向波蘭，與波蘭簽訂《哈佳奇條約》，試圖讓烏克蘭成為波蘭的自治公國。這一決定引發哥薩克內戰，俄國趁機派軍介入，擊敗維霍夫斯基，確立對第聶伯河左岸烏克蘭的控制。

波蘭的反攻（1660 年）：

- 1660 年，波軍在白俄羅斯戰場擊敗俄軍，成功收復維爾紐斯、格羅德諾。
- 在烏克蘭戰場，楚德諾夫戰役（1660 年 11 月）中，波軍取得重大勝利，使烏克蘭西部重新落入波蘭之手。

1663～1664 年，戰爭進入消耗戰：

- 波蘭嘗試奪回基輔，但未能成功。
- 哥薩克內戰持續，雙方戰力均被削弱，戰爭陷入僵局。

1667 年，《安德魯索沃條約》確立俄國勝利：

- 第聶伯河左岸烏克蘭（含基輔）劃歸俄國，確立其在烏克蘭的影響力。
- 第聶伯河右岸烏克蘭歸波蘭，烏克蘭被瓜分為兩部分。
- 俄國獲得部分白俄羅斯領土，波蘭國力進一步衰退。

30 俄波戰爭：烏克蘭的命運與歐洲勢力平衡的變遷

戰爭影響與東歐勢力格局的轉變

這場戰爭奠定了俄國在東歐的霸權地位，並對未來幾個世紀的歐洲格局產生深遠影響。

1. 俄國崛起，波蘭開始衰落：

- 俄國成功獲取烏克蘭東部與白俄羅斯部分地區，擴大領土，進一步加強中央集權。
- 波蘭雖保住部分領土，但國力衰退，為 18 世紀三次瓜分波蘭埋下伏筆。

2. 烏克蘭喪失獨立機會：

- 烏克蘭原本試圖透過哥薩克起義獲得自主權，但最終成為俄國與波蘭的爭奪對象，無法形成獨立國家。
- 第聶伯河成為東西烏克蘭的分界，這一歷史影響延續至現代烏克蘭的民族與政治結構。

3. 俄國成為東歐主導力量：

- 俄國獲取烏克蘭後，進一步向西擴張，為後來的大北方戰爭（1700～1721）與瑞典衝突鋪路。
- 俄國的軍事與經濟實力大幅增長，最終在 18 世紀成為歐洲列強之一。

第四部分：歐洲近代戰爭的共同特性與影響分析

俄波戰爭與東歐民族問題的根源

這場戰爭徹底改變東歐的權力平衡，波蘭從強國逐漸走向衰落，而俄國則崛起為東歐的霸主。烏克蘭失去獨立機會，被俄國與波蘭瓜分，這種歷史影響持續至 20 世紀，並成為現代烏克蘭民族問題的重要根源之一。這場戰爭不僅決定了東歐的政治版圖，也塑造了整個地區的歷史進程。

31 奧土戰爭：
哈布斯堡王朝與鄂圖曼帝國的百年爭霸

戰略分析

從《孫子兵法》的視角來看，奧土戰爭的關鍵在於「勢」與「形」的掌控。孫子曰：「形者，兵之助也，勢者，兵之機也。」（《孫子兵法・勢篇》）。鄂圖曼帝國在 16 世紀透過迅速擴張，占據巴爾幹與中歐邊界，試圖憑藉地理優勢對抗哈布斯堡王朝。然而，隨著奧地利與歐洲其他基督教國家結成聯盟，奧軍在戰略上逐步利用聯合力量反擊，最終改變戰爭形勢，確立在巴爾幹地區的優勢。

31 奧土戰爭：哈布斯堡王朝與鄂圖曼帝國的百年爭霸

克勞塞維茲在《戰爭論》中提到：「戰爭的終極目標是削弱敵國的戰略能力，使其無法再戰。」鄂圖曼帝國原先依靠強大的軍事力量與高度機動性的軍隊實行侵略戰略，但隨著其軍事優勢減弱，奧地利透過聯盟與軍事現代化策略，成功擊退鄂圖曼勢力，並最終奪取匈牙利與巴爾幹的主導權。

鄂圖曼帝國的崛起與歐洲的對抗

13 世紀末，鄂圖曼帝國在小亞細亞崛起，並於 1453 年攻陷君士坦丁堡，結束拜占庭帝國，將其改名為伊斯坦堡，成為穆斯林世界的核心。至 15 世紀末，鄂圖曼帝國已控制巴爾幹半島、小亞細亞與東地中海，挑戰歐洲基督教國家的勢力範圍。

奧地利的哈布斯堡王朝作為歐洲最強大的天主教國家之一，無可避免地成為鄂圖曼帝國擴張的直接對手。鄂圖曼帝國的擴張策略主要包括：

- 控制巴爾幹：擊敗塞爾維亞與匈牙利，向西推進至奧地利邊界。
- 圍攻維也納：1529 年，蘇里曼大帝進攻維也納，企圖奪取哈布斯堡王朝的核心地區，雖然未能攻破，但成功確立對匈牙利東部的控制。
- 持續軍事壓力：透過頻繁的軍事行動，施壓奧地利與歐洲其他基督教國家，擴大穆斯林勢力範圍。

第四部分：歐洲近代戰爭的共同特性與影響分析

奧土戰爭的爆發與戰略僵局（16～17世紀）

鄂圖曼帝國與奧地利的衝突在16世紀至17世紀不斷發生，雙方互有勝負，形成長期的戰略對峙。

1526年摩哈赤戰役：

- 鄂圖曼軍隊擊敗匈牙利與捷克聯軍，確立對匈牙利的主導權，將哈布斯堡勢力擋在西部。
- 1529年維也納圍城：
- 蘇里曼大帝率軍進攻奧地利，包圍維也納，但因補給短缺與惡劣天氣被迫撤退，象徵著鄂圖曼帝國擴張的頂點。

1547年《亞得里亞堡和約》：

- 奧地利承認鄂圖曼對匈牙利大部分地區的統治，形成雙方勢力分界。

1606年《席特瓦托羅克和約》：

- 奧地利成功穩固自身地位，不再向鄂圖曼帝國繳納貢金，顯示哈布斯堡勢力的上升。

維也納圍城與奧地利的反攻（1683～1699）

17世紀後期，鄂圖曼帝國因內部腐敗與軍事改革停滯，導致戰略劣勢。1683年，鄂圖曼帝國試圖重新發動進攻，再次圍攻維也納。然而，這場戰役成為鄂圖曼衰落的轉折點。

31 奧土戰爭：哈布斯堡王朝與鄂圖曼帝國的百年爭霸

1683 年維也納之戰：
- 鄂圖曼軍隊圍攻維也納兩個月，但奧地利在波蘭國王揚三世·索別斯基率領的援軍幫助下發動反擊，重創鄂圖曼軍，迫使其撤退。

1684 年「神聖同盟」成立：
- 奧地利聯合波蘭、威尼斯、俄羅斯等國，展開對鄂圖曼帝國的大規模反攻。

1697 年澤塔戰役：
- 奧地利軍隊徹底擊潰鄂圖曼軍，確立對匈牙利與巴爾幹的控制。

1699 年《卡爾洛維茨和約》：
- 奧地利獲得匈牙利、斯拉沃尼亞、克羅埃西亞與特蘭西瓦尼亞，成為巴爾幹地區的主導力量。
- 鄂圖曼帝國開始喪失在歐洲的領土，進入軍事衰退期。

18 世紀的戰爭與鄂圖曼的衰敗

18 世紀，奧地利持續擴張，並與俄國聯手對抗鄂圖曼帝國，進一步削弱其在歐洲的勢力。

1718 年《波日阿雷瓦茨和約》：
- 奧地利攻占貝爾格勒，迫使鄂圖曼割讓塞爾維亞北部，奧

第四部分：歐洲近代戰爭的共同特性與影響分析

地利勢力進一步擴展至多瑙河流域。

1788～1790 年奧俄聯軍戰爭：

- 奧地利與俄國聯合進攻土耳其，雖然因法國大革命爆發而被迫撤軍，但成功奪取部分戰略要地。

到 18 世紀末，鄂圖曼帝國已無法在歐洲維持霸權，轉而專注內部改革，而奧地利則成為東歐與巴爾幹半島的主要強國。

奧土戰爭的歷史影響

1. 鄂圖曼帝國的衰落：

- 16 世紀時，鄂圖曼帝國曾是歐洲最強大的穆斯林國家，但隨著軍事優勢消退，其在歐洲的影響力逐步減弱。
- 17 至 18 世紀的戰爭導致其失去匈牙利與巴爾幹部分地區，並開始內部改革以應對歐洲競爭。

2. 哈布斯堡王朝的崛起：

- 奧地利透過連續戰爭擴大領土，最終形成奧匈帝國，成為歐洲列強之一。
- 奧地利的軍事與政治優勢奠定了其在東歐的主導地位，並影響 19 世紀的歐洲政治格局。

3. 歐洲勢力均衡的變化：

- 鄂圖曼的衰落與奧地利的崛起促使東歐勢力重新分配，巴

爾幹地區成為奧俄爭奪的戰略要地。
- 鄂圖曼帝國逐漸轉向內部改革，進入19世紀的「坦志麥特時期」，試圖現代化以應對歐洲競爭。

奧土戰爭不僅是哈布斯堡與鄂圖曼的衝突，更是歐洲勢力更迭的象徵，對歐洲歷史發展產生深遠影響。

32 北方戰爭（1700～1721）：彼得大帝的霸權之戰

戰略分析

從《孫子兵法》的視角來看，北方戰爭是典型的「勢」與「權」之爭。孫子曰：「勝兵先勝而後求戰，敗兵先戰而後求勝。」（《孫子兵法・形篇》）。彼得一世深諳此道，他在戰爭初期遭受納爾瓦慘敗後，立即進行軍事改革，重整旗鼓，不急於決戰，而是透過軍事建設與外交手段逐步削弱瑞典優勢，最終在波爾塔瓦戰役中一舉逆轉戰局。

克勞塞維茲在《戰爭論》中強調：「戰爭的本質是使敵方喪失繼續戰爭的能力。」北方戰爭的核心不只是軍事對抗，更是一場長期的國力消耗戰。瑞典雖然擁有精銳部隊與優秀戰略家查理十二世，但過於依賴快速進攻與決戰策略，最終無法承受漫

長的消耗戰。俄國則透過焦土戰略與聯盟外交，使瑞典逐步喪失波羅的海控制權，從而確立自身的戰略優勢。

瑞典霸權與北方同盟的對抗

16～17世紀，瑞典憑藉強大的軍事實力與領土擴張，成為波羅的海地區的霸主。瑞典在三十年戰爭（1618～1648）期間擊敗歐洲多國，獲得大片領土，並透過海軍優勢控制波羅的海貿易。這一霸權使得其他國家，特別是俄國、波蘭－立陶宛聯邦與丹麥感到極度不安。

北方同盟的形成（1699年）：

- 俄國的目標：彼得一世渴望獲得波羅的海出海口，以便開展對外貿易，擴大俄國影響力。
- 波蘭－薩克森的目標：奧古斯特二世希望奪回被瑞典占領的立窩尼亞。
- 丹麥的目標：腓特烈四世試圖奪回被瑞典奪取的領土。

三國聯手組成「北方同盟」，計劃聯合對抗瑞典。然而，瑞典國王查理十二世（Charles XII）發現敵人聯盟內部缺乏協調，決定先發制人，逐一擊破敵軍。

32 北方戰爭（1700～1721）：彼得大帝的霸權之戰

納爾瓦戰役與瑞典的優勢（1700～1709）

納爾瓦戰役（1700 年）：

- 彼得一世率領 3.5 萬俄軍圍攻納爾瓦要塞（今愛沙尼亞），準備奪取波羅的海要塞。
- 11 月 30 日，查理十二世僅率 8,000 名瑞軍突襲納爾瓦。雖然俄軍兵力占優勢，但因戰術混亂與士氣低落，最終潰敗。

戰後影響：

- 俄國深刻意識到軍隊的落後，彼得一世開始推動大規模軍事改革。
- 查理十二世認為俄國已不堪一擊，遂將戰略重心轉向波蘭，錯失進一步削弱俄國的機會。

瑞典進攻波蘭與薩克森（1701～1706）：

- 查理十二世認為波蘭－立陶宛聯邦是北方同盟的薄弱環節，決定進攻波蘭。
- 1704 年，他扶植親瑞派候選人斯坦尼斯瓦夫·萊什琴斯基為波蘭國王，驅逐奧古斯特二世。
- 1706 年，查理十二世進攻薩克森，迫使奧古斯特二世退位，北方同盟解體，瑞典達到戰爭優勢的巔峰。

然而，彼得一世利用瑞典軍事重心轉移的機會，開始穩步擴張俄國在波羅的海的影響力。

第四部分:歐洲近代戰爭的共同特性與影響分析

波爾塔瓦戰役與俄國的崛起 (1709)

俄國的軍事改革與戰略調整:

- 彼得一世吸取納爾瓦失敗的教訓,建立正規軍,並發展現代化海軍。
- 1703 年,他在波羅的海沿岸建立聖彼得堡,作為俄國新的海軍基地與對外窗口。

查理十二世的莫斯科遠征 (1707 ～ 1709):

- 1707 年,查理十二世決定入侵俄國,試圖直取莫斯科,終結俄國威脅。
- 彼得一世採取「誘敵深入」與「焦土政策」,不與瑞軍正面決戰,而是不斷騷擾與拖延敵軍,使其在嚴寒與補給困難的環境中損失大量兵力。

波爾塔瓦戰役 (1709 年):

- 瑞軍因補給短缺而試圖攻克烏克蘭的波爾塔瓦,但久攻不下。
- 7 月 8 日,彼得一世率 4.2 萬俄軍迎戰 3.2 萬瑞軍,利用壕溝與炮兵優勢重創瑞軍。
- 瑞典軍隊潰敗,查理十二世僅帶少數士兵逃往鄂圖曼帝國。

波爾塔瓦戰役後,瑞典再無力發動大規模進攻,俄國則全面掌握戰爭主導權。

32 北方戰爭（1700～1721）：彼得大帝的霸權之戰

戰爭結束與俄國的稱霸（1710～1721）

與鄂圖曼帝國的衝突（1711年）：

- 查理十二世逃亡鄂圖曼帝國，並成功說服土耳其對俄國宣戰。
- 1711年，彼得一世率4萬俄軍進攻多瑙河，但遭土軍包圍，最終以歸還亞速堡為代價達成停戰。

俄國進攻芬蘭與瑞典本土（1713～1720）：

- 1714年，俄海軍在漢科角海戰擊敗瑞典，確立波羅的海海軍優勢。
- 1720年，俄國海軍進一步攻擊瑞典沿海，直接威脅斯德哥爾摩。

尼斯塔德條約（1721年）：

- 俄國獲得卡累利阿、英格曼蘭、愛沙尼亞、立窩尼亞等大片波羅的海領土，確立對該地區的控制權。
- 瑞典失去波羅的海霸權，淪為次要強國。
- 彼得一世正式將俄國改名為「俄羅斯帝國」，成為歐洲列強之一。

第四部分：歐洲近代戰爭的共同特性與影響分析

北方戰爭對歐洲秩序的影響

1. 俄國崛起為歐洲列強：

- 彼得一世成功實現俄國的現代化軍事改革，使俄國從內陸國家轉變為波羅的海強權。
- 聖彼得堡成為俄國的對外窗口，加強其與西歐的連繫。

2. 瑞典霸權的終結：

- 瑞典的軍事與經濟實力嚴重受損，從歐洲霸主跌落為區域性強國。

3. 歐洲勢力平衡的改變：

- 俄國的崛起引發西歐國家的警惕，英國開始介入東歐事務，試圖遏制俄國擴張。

北方戰爭奠定了俄國的帝國地位，使其成為18～19世紀歐洲政治的關鍵國家，影響深遠。

33 西班牙王位繼承戰爭(1701-1714)：歐洲霸權與殖民地爭奪的轉折點

戰略分析

從《孫子兵法》的角度來看，西班牙王位繼承戰爭展現了「勢」與「權」的賽局。孫子曰：「善戰者，求之於勢，不責於人。」(《孫子兵法‧勢篇》)。法國雖然試圖透過聯姻與軍事力量擴張勢力，將西班牙納入波旁王朝的影響範圍，但歐洲列強迅速結成「大同盟」，利用外交與軍事手段來維持均勢，使法國未能完全達成戰略目標。

這場戰爭的核心並非單純的王位繼承問題，而是歐洲列強對權力平衡的競爭。英國與奧地利聯合阻止法國與西班牙的合併，確保歐洲勢力不至於被單一強權所掌控。最終的《烏得勒支和約》雖然讓波旁王朝保留了西班牙王位，但透過領土割讓與條約限制，使法國與西班牙無法形成統一政權，維持了歐洲的均勢結構。

西班牙王位危機與歐洲列強的對立

17世紀末，西班牙帝國已經出現嚴重的內部衰敗。西班牙國王卡洛斯二世 (Carlos II) 因長期近親通婚導致健康狀況極差，無子嗣繼承。當他於1700年去世後，王位的繼承問題立即成為歐洲列強爭奪的焦點。

第四部分：歐洲近代戰爭的共同特性與影響分析

波旁王朝與哈布斯堡王朝的競爭：

- ◈ 法國的戰略目標：路易十四希望透過他的孫子腓力五世 (Felipe V) 繼承西班牙王位，將西班牙納入法國的勢力範圍，進一步擴大法國在歐洲與全球殖民地的影響力。
- ◈ 奧地利的反應：哈布斯堡王朝則希望由奧地利大公查理（後來的神聖羅馬皇帝查理六世）繼承西班牙王位，以維持哈布斯堡家族對西班牙的控制。
- ◈ 英國與荷蘭的關切：英國與荷蘭擔心法國與西班牙的聯合將導致歐洲勢力失衡，並威脅到英荷的海上貿易利益。

1701 年，英國、荷蘭、奧地利、普魯士等國迅速組成「大同盟」，宣布反對法國的擴張，戰爭正式爆發。

戰爭初期 (1701～1704)──英奧聯軍的戰略優勢

直布羅陀戰役 (1704 年)：

- ◈ 英軍在地中海發動突襲，成功占領西班牙的戰略要地直布羅陀，確保對地中海的海上控制權。

豪施泰特戰役 (1704 年)：

- ◈ 英奧聯軍在歐洲大陸取得決定性勝利，由約翰·邱吉爾（後來的馬爾博羅公爵）指揮的英軍與歐根親王 (Prince Eugene) 率領的奧軍聯手，在豪施泰特戰役 (Battle of Blenheim) 中大敗法軍與巴伐利亞軍。

33 西班牙王位繼承戰爭（1701-1714）：歐洲霸權與殖民地爭奪的轉折點

- 此戰粉碎了法軍在德意志地區的進攻態勢，使得法國由攻轉守。

戰爭中期（1705～1709）—— 歐洲戰局的關鍵變化

1706 年兩場關鍵戰役：

- 都靈戰役（Battle of Turin）：奧軍在義大利戰場擊敗法軍，使法國被迫撤出義大利，喪失在南歐的優勢。
- 拉米利戰役（Battle of Ramillies）：英荷聯軍在低地國家（今比利時）大勝法軍，使法國的北方防線大幅後退，失去對比利時的控制權。

1709 年馬爾普拉凱戰役（Battle of Malplaquet）：

- 英奧聯軍取得勝利，但傷亡慘重，使得大同盟的攻勢開始放緩。
- 這場戰役顯示出戰爭已進入消耗階段，無論是法國還是聯軍都難以再發動決定性的進攻。

戰爭後期（1710～1714）與烏得勒支和約

戰爭轉向談判：

- 1710 年後，英國國內政治風向改變，開始尋求與法國和談，因為英國更關心俄國的崛起，而非繼續削弱法國。

第四部分：歐洲近代戰爭的共同特性與影響分析

- 1711 年，奧地利的哈布斯堡皇帝約瑟夫一世去世，由查理大公繼位成為神聖羅馬皇帝查理六世。這使得奧地利失去繼續爭奪西班牙王位的正當性，因為如果奧地利與西班牙合併，同樣會打破歐洲均勢。

烏得勒支和約（1713 年）與拉什塔特和約（1714 年）：

- 腓力五世正式成為西班牙國王，但其後代不得繼承法國王位，確保法西不會合併。
- 英國獲得直布羅陀與梅諾卡島，並從法國手中獲取紐芬蘭、阿卡迪亞與哈得孫灣地區，確立了其海上霸權。
- 奧地利獲得西屬尼德蘭（今比利時）、薩丁尼亞島、米蘭與拿坡里，加強對義大利的控制。
- 法國雖然保住了波旁王朝在西班牙的統治，但失去了許多北美殖民地，國內經濟因戰爭而受到嚴重影響。

西班牙王位繼承戰爭的歷史影響

1. 法國霸權的終結：

- 路易十四的擴張政策遭到歐洲聯軍的阻止，使法國無法完全控制西班牙，並失去部分殖民地，歐洲勢力均勢得以維持。

2. 英國的崛起：

- 透過戰爭與條約，英國獲得直布羅陀、北美殖民地與海上貿易控制權，確立未來「日不落帝國」的基礎。

34 奧地利王位繼承戰爭（1740～1748）：歐洲列強的權力角逐

3. 奧地利的擴張：
- 哈布斯堡王朝獲得比利時與義大利領地，確保其在中歐的統治地位，進一步強化奧地利帝國的影響力。

4. 西班牙的衰落：
- 失去許多海外領地，從歐洲強國逐漸衰退，18世紀後期逐漸淪為次要國家。

5. 歐洲均勢原則的確立：
- 這場戰爭確立了歐洲列強透過外交與軍事手段來維持力量平衡的原則，並影響後續18至19世紀的歐洲國際關係。

西班牙王位繼承戰爭不僅是一場王位的爭奪戰，更是歐洲霸權更替與全球勢力轉折的關鍵戰役，影響深遠。

34 奧地利王位繼承戰爭（1740～1748）：歐洲列強的權力角逐

戰略分析

從《孫子兵法》的角度來看，奧地利王位繼承戰爭展現了「勢」與「機」的運用。孫子曰：「先勝後戰者，勝；先戰後勝者，敗。」（《孫子兵法・形篇》）。普魯士國王腓特烈二世在奧地利

陷入王位繼承危機時,迅速出兵西利西亞,搶占戰略要地,使奧地利陷入被動。他的高機動部隊與靈活戰術展現了「速戰速決」的戰略思維,迅速奠定戰場優勢。

這場戰爭的核心並非單純的王位爭奪,而是歐洲列強重新劃分勢力範圍的機會。普魯士、法國、巴伐利亞趁機對奧地利發動攻擊,而英國與俄國則試圖維持歐洲均勢,防止普魯士與法國過度擴張。最終,《亞琛和約》讓普魯士獲得西利西亞,使其成為德意志地區的強權,也使奧地利被迫推動軍事與行政改革,以應對未來的挑戰。

哈布斯堡王朝的危機與普魯士的崛起

18世紀初,哈布斯堡王朝是歐洲最強大的王朝之一,其領土橫跨奧地利、匈牙利、波西米亞、西利西亞、義大利北部與低地國家。然而,隨著神聖羅馬皇帝查理六世(Charles VI)於1740年去世,哈布斯堡家族陷入王位繼承危機。他的長女瑪利亞・特蕾西亞(Maria Theresa)根據《國事詔書》(*Pragmatic Sanction*)繼承王位,但許多歐洲列強不承認她的繼承權,並試圖奪取奧地利領土。

普魯士的野心與西利西亞問題:

- 普魯士國王腓特烈二世(Friedrich II)認為奧地利內部不穩,是奪取西利西亞的最佳時機。

34 奧地利王位繼承戰爭（1740～1748）：歐洲列強的權力角逐

- ◈ 西利西亞是德意志地區最富庶的地區之一，擁有發達的工業與農業資源，對普魯士的經濟與軍事擴張至關重要。
- ◈ 1740 年 12 月，普軍迅速進攻西利西亞，奧地利措手不及，被迫撤退，象徵著奧地利王位繼承戰爭的爆發。

交戰雙方：

- ◈ 支持奧地利的國家：英國（漢諾威公國）、荷蘭、薩克森、俄國。
- ◈ 反對奧地利的國家：普魯士、法國、巴伐利亞、西班牙。
- ◈ 這場戰爭實際上是歐洲列強試圖重新劃分勢力範圍，而不只是哈布斯堡家族的內部繼承問題。

第一次西利西亞戰爭（1740～1742）—— 普魯士的閃電攻勢

莫爾維茨戰役（1741 年）：

- ◈ 1741 年 4 月 10 日，普軍在莫爾維茨（Battle of Mollwitz）擊敗奧軍，奠定西利西亞戰局的優勢。
- ◈ 普軍憑藉高度紀律化的步兵與機動性強的騎兵戰術，在戰場上展現出極高的戰鬥效率。

法國與巴伐利亞的參戰：

- ◈ 普魯士的成功激勵法國與巴伐利亞加入戰爭，希望趁機削弱奧地利。

- 法軍進攻萊茵河流域，巴伐利亞軍隊則攻入奧地利腹地，並短暫占領維也納。

奧地利的反擊與《柏林和約》（1742 年）：

- 1742 年，奧地利在英國與薩克森的支持下，開始反擊法軍與巴伐利亞軍隊。
- 1742 年 7 月，奧地利與普魯士簽訂《柏林和約》，普魯士正式獲得西利西亞，第一次西利西亞戰爭結束。

歐洲戰局擴大（1742～1745）——普魯士的再次進攻

德廷根戰役（1743 年）：

- 1743 年，英奧聯軍在德廷根（Battle of Dettingen）擊敗法軍，阻止法國進一步干涉德意志地區。

第二次西利西亞戰爭（1744～1745）：

- 1744 年，腓特烈二世認為奧地利正在重整軍隊，決定先發制人，再次進攻波希米亞。
- 布拉格陷落（1744 年）：普軍占領布拉格，嚴重威脅奧地利的核心領土。
- 霍亨弗里德貝格戰役（1745 年）：普軍在戰術上運用「斜線戰術」，以優勢火力擊敗奧地利與薩克森聯軍，確保對西利西亞的控制。

34 奧地利王位繼承戰爭（1740～1748）：歐洲列強的權力角逐

《德勒斯登和約》(1745年)：

- 1745年12月，奧地利與普魯士簽訂《德勒斯登和約》，正式承認普魯士對西利西亞的統治，第二次西利西亞戰爭結束。
- 普魯士正式成為德意志主要強權之一，為未來的七年戰爭奠定基礎。

戰爭結束與《亞琛和約》(1748)

1748年，《亞琛和約》(Treaty of Aix-la-Chapelle) 簽訂，確立戰後的領土格局：

- 普魯士正式獲得西利西亞，成為歐洲軍事強權。
- 奧地利雖然承認普魯士的領土，但開始進行軍事與行政改革，為未來奪回西利西亞做準備。
- 西班牙奪得拿坡里與西西里，加強對義大利的控制。
- 英國與法國恢復戰前邊界，但英國在全球貿易中獲得更大優勢。

奧地利王位繼承戰爭的歷史影響

1. 普魯士崛起為歐洲強權：

- 透過奪取西利西亞，普魯士成為德意志地區的領導國家，奠定未來統一德國的基礎。

- 腓特烈二世的軍事策略與戰術革新影響後來的歐洲戰爭。

2. 奧地利的軍事與政治改革：

- 雖然失去西利西亞，瑪利亞・特蕾西亞進行大規模軍事與行政改革，使奧地利成為更具競爭力的國家。

3. 歐洲勢力均衡的變化：

- 這場戰爭加劇了奧地利與普魯士的敵對關係，最終導致「七年戰爭」（1756～1763）的爆發。

4. 軍事戰術的變革：

- 普魯士的「斜線戰術」成為歐洲戰爭的標準戰術，影響後來的拿破崙戰爭與 19 世紀軍事戰略。

奧地利王位繼承戰爭不僅是哈布斯堡王朝的內部爭端，更是歐洲霸權競爭與軍事變革的轉折點，影響深遠。

35 七年戰爭：全球霸權的角逐與影響

戰略分析

七年戰爭（1756～1763 年）展現了孫子兵法「先勝後戰」的戰略，腓特烈二世以先發制人的突襲薩克森打破敵軍部署，掌握戰局主動。然而，普魯士在多線作戰下逐漸陷入「用兵之害，

35 七年戰爭：全球霸權的角逐與影響

猶豫最大」的困境，被迫依靠戰術機動與局部決戰，如羅斯巴赫與洛伊滕會戰，以小勝大，維持戰場均勢。

英國透過資金與海上優勢支援普魯士，以全球戰略壓制法國，最終確立海上霸權。俄國的突然撤軍展現了政治決策對戰局的決定性影響，證明「戰爭不僅取決於軍隊，還取決於政府的意志」。七年戰爭最終改變了世界格局，使英國成為全球殖民霸主，普魯士崛起為歐洲強權，而法國的衰退則為大革命埋下伏筆，展現戰爭對國家命運的深遠影響。

戰爭背景與主要矛盾

1756 年至 1763 年的七年戰爭是一場影響深遠的全球衝突，主要發生於歐洲、北美、加勒比海、印度和菲律賓等地。這場戰爭的根源可追溯至英國與法國之間的殖民地競爭，以及歐洲各大國為爭奪勢力範圍而展開的政治與軍事角力。

當時歐洲的主要矛盾可分為三個層面：首先是英法之間的殖民競爭。自 16 世紀以來，英國陸續擊敗西班牙和荷蘭，成為海上強權，而法國則是其主要競爭對手，兩國之間的衝突不可避免。其次是普魯士與奧地利的權力鬥爭。普魯士在兩次西利西亞戰爭中奪取了奧地利的西利西亞地區，奧地利則試圖奪回這片重要的領土。此外，俄國與普魯士之間的矛盾也日益加深，因為俄國在打敗瑞典後希望向西擴張，而普魯士則是其前進道路上的主要障礙。

第四部分：歐洲近代戰爭的共同特性與影響分析

戰爭的爆發與主要戰事

隨著各國外交手段的運作，兩大軍事聯盟逐漸成形。1756年，英國與普魯士簽訂《白廳條約》，而法國則與奧地利簽訂《凡爾賽條約》，隨後俄國、西班牙、瑞典等國相繼加入奧法陣營，形成了複雜的國際戰略格局。

1756年8月，普魯士國王腓特烈二世率軍先發制人，突襲薩克森，七年戰爭正式爆發。普軍迅速攻占薩克森首府德勒斯登，並於1757年進軍波希米亞（今捷克）。然而，在科林會戰中普軍遭遇奧軍強力抵抗，被迫撤退至薩克森。同年，法軍在西線對普魯士發動攻勢，但在羅斯巴赫會戰中慘敗。普軍隨後轉向東線，在洛伊滕會戰中擊敗奧軍，奪回西利西亞。

1758年，俄軍與奧軍試圖聯手夾擊普魯士，但雙方缺乏統一戰略，使普軍得以在措恩多夫會戰中與俄軍戰成平手。然而，隨著戰事推進，普魯士面臨越來越嚴峻的局勢。1759年，俄奧聯軍於庫納斯多夫會戰中重挫普軍，使戰爭形勢出現轉折。1760年，俄軍一度攻入柏林，但很快撤退。1761年，普軍在三面受敵的壓力下陷入困境，俄軍與奧軍在西利西亞和柯爾貝格取得勝利，普魯士的防線岌岌可危。

35 七年戰爭：全球霸權的角逐與影響

戰爭的轉折與結束

1762 年，俄國女皇葉卡捷琳娜一世去世，其繼任者彼得三世出於對普魯士的親近立場，決定退出戰爭，並與普魯士結盟。這一變局使普魯士得以喘息，逐步恢復軍事態勢。同年，英國在海外戰場取得決定性勝利，奪取了法國的加拿大殖民地，並從西班牙手中奪取古巴。由於戰爭已嚴重消耗各國國力，交戰各方開始進行和談。

1763 年，普魯士、奧地利與薩克森簽訂《胡貝爾圖斯堡和約》，確保普魯士對西利西亞的統治權。同年，英法簽訂《巴黎和約》，法國將加拿大和密西西比河以東的土地割讓給英國，西班牙則用佛羅里達換回古巴，法國在北美的殖民地勢力自此大幅衰退。

七年戰爭的影響

七年戰爭被譽為「第一次真正的世界大戰」，其影響深遠。首先，它確立了英國作為全球海上霸主的地位，為日後英國在 19 世紀的殖民帝國奠定基礎。其次，普魯士透過這場戰爭證明了自身的軍事實力，確立其作為歐洲強國的地位，為日後德意志統一鋪路。此外，法國在戰爭中喪失大量殖民地，導致財政危機加劇，成為日後法國大革命的重要遠因。

軍事方面，七年戰爭揭示了傳統線式戰術的局限性，促使

第四部分：歐洲近代戰爭的共同特性與影響分析

各國軍隊改革戰術，發展更靈活的作戰方式。火力與後勤補給的進步，也推動了現代戰爭的發展。

總結來說，七年戰爭不僅改變了歐洲的權力平衡，也重新塑造了全球殖民地的格局。這場戰爭的影響，深遠地延續至日後的國際政治與軍事發展。

第五部分：
革命與民族主義戰爭的崛起

導讀

戰爭的共同特徵

18 至 19 世紀的戰爭涵蓋了歐洲、美洲與俄國等不同區域，儘管發生背景與具體目標有所差異，但仍呈現出一些共同特徵，這些特徵不僅反映了當時社會與政治的變遷，也深刻影響了後世戰爭形態與國際局勢。

1. 社會不平等與革命浪潮

這一時期的多場戰爭與社會不平等及制度矛盾密切相關。無論是普加喬夫起義、德意志農民戰爭，還是法國革命戰爭與拉美獨立戰爭，其訴求多源自對當時政治體制與社會分配失衡的反應。農民與基層民眾長期面對土地集中、繁重稅賦與勞役負擔，在社會壓力逐漸累積下，引發規模不一的抗爭與變革運動。例如：

◈ **俄國普加喬夫農民戰爭**　是對當時農奴制度與地方治理問

題的強烈反應,突顯出沙皇集權體制下社會矛盾的加劇。
- **德意志農民戰爭** 反映了中世紀晚期農民對封建制度下經濟與社會負擔的不滿,儘管最終未能成功,但對傳統社會結構造成一定衝擊,間接促進了日後制度上的調整與變化。
- **法國大革命戰爭** 是法國社會深刻變革背景下爆發的重要衝突,象徵著對傳統貴族特權與絕對君主體制的全面挑戰。這場戰爭進一步推動了自由、平等與人民主權等理念的傳播,對歐洲乃至世界政治發展產生深遠影響。

2. 民族主義與獨立運動的興起

民族意識的崛起是這一時期戰爭的重要驅動力,無論是美國、法國還是拉丁美洲,皆展現出強烈的民族認同與自決權訴求:

- **美國獨立戰爭** 是世界上第一場成功的殖民地獨立運動,確立了民族國家的概念。
- **拉美獨立戰爭** 受美國與法國革命的影響,促使殖民地擺脫西班牙與葡萄牙的控制,建立主權國家。
- **法國革命戰爭** 使民族自決與人民主權理念向歐洲各地傳播,影響了後來的義大利與德意志統一運動。

3. 軍事技術與戰術的變革

18 至 19 世紀的戰爭呈現出軍事技術與戰術的重大變革,影響了現代戰爭的發展:

全民皆兵制度：法國革命戰爭首次採用義務兵役制，使軍隊規模大幅擴展，為現代總體戰奠定基礎。

新戰術與武器進步：

- 拿破崙戰爭中，法軍使用「縱隊戰術」，提高機動性與攻擊力。
- 砲兵技術發展，火砲與海軍艦艇在戰爭中的重要性大幅提升。
- 美洲戰場則出現游擊戰術，如玻利瓦爾在拉美獨立戰爭中利用機動戰打擊西班牙軍隊。

4. 戰爭範圍的全球化

與早期中世紀的戰爭相比，這一時期的戰爭已不再局限於特定國家，而是涉及多個國家甚至全球：

- **美國獨立戰爭** 吸引法國、西班牙與荷蘭等歐洲列強加入，擴大為國際戰爭。
- **拿破崙戰爭** 不僅影響歐洲，還擴展至埃及、印度與大西洋海域。
- **拉美獨立戰爭** 使整個西半球發生劇變，影響歐洲與美洲的國際秩序。

第五部分：革命與民族主義戰爭的崛起

戰爭的主要影響

這些戰爭的結果不僅塑造了現代國家的發展，也對政治、經濟與社會結構產生深遠影響。

1. 加速封建制度的衰落

戰爭促成封建制度的瓦解，使民主與資本主義體系得以發展：

- **普加喬夫戰爭** 雖失敗，但顯示了俄國農奴制度的問題，促使 1861 年農奴制廢除。
- **法國革命戰爭** 摧毀封建貴族的統治，推動自由市場與工業經濟的發展。
- **德意志農民戰爭** 雖遭鎮壓，但使封建土地壟斷逐步受到挑戰。

2. 民族國家的建立

這一時期的戰爭導致許多新國家的誕生：

- **美國獨立戰爭** 使美國成為第一個現代民主共和國。
- **拉美獨立戰爭** 推翻西班牙與葡萄牙的殖民統治，使墨西哥、阿根廷、智利等國家獲得獨立。
- **法國革命戰爭與拿破崙戰爭** 為德意志與義大利的統一運動提供了契機，促使 19 世紀民族國家陸續誕生。

35 七年戰爭：全球霸權的角逐與影響

3. 推動民主與自由思想

這些戰爭確立了人民主權與民主政治的基礎：

- **美國《獨立宣言》** 強調「所有人皆生而平等」，影響全球人權發展。
- **法國革命** 廢除君主專制，建立共和制度，影響歐洲各國的憲政改革。
- **拉美獨立戰爭** 促使多國制定憲法，確立國家主權與公民權利。

4. 改變國際權力格局

戰爭改變了世界強權的版圖：

- **美國獨立戰爭** 削弱英國在北美的影響力，促成美洲新勢力的崛起。
- **拿破崙戰爭** 使英國成為 19 世紀的全球霸主，普魯士崛起為歐陸強權。
- **拉美獨立** 使西班牙與葡萄牙衰落，美洲進入新的國際秩序。

5. 經濟與社會變革

戰爭促使工業化與社會變遷：

- **美國獨立後** 擺脫英國貿易壟斷，加速工業發展。
- **法國革命戰爭** 推動農業改革，使歐洲農民獲得更多土地。

第五部分：革命與民族主義戰爭的崛起

◆ **拿破崙戰爭後** 歐洲各國為應對戰爭需求，加快工業革命進程。

戰爭如何塑造近代世界

18 至 19 世紀的戰爭不僅是國家間的衝突，更是推動歷史進步的重要動力。這些戰爭促使民族主義崛起，加速封建制度瓦解，確立民主與自由價值觀，並重塑國際勢力版圖。從美國獨立到法國革命，從拿破崙戰爭到拉美獨立，這些戰爭共同塑造了近代世界的發展方向。雖然戰爭帶來破壞，但它們也是社會變革與國家建設的重要推手，影響至今仍然深遠。

36 普加喬夫農民戰爭：
俄國封建制度的震盪與啟示

戰略分析

普加喬夫農民戰爭（1773～1775 年）展現了孫子兵法「亂而取之」的戰略。普加喬夫利用農民與哥薩克人對沙皇專制的不滿，發動起義並迅速擴大勢力，初期展現出「兵貴神速」的優勢。然而，他未能有效整合異質部隊，內部缺乏穩固指揮結構，導致「治亂相因」，在戰略上未能建立長期優勢。

36 普加喬夫農民戰爭：俄國封建制度的震盪與啟示

起義軍雖然獲得農民與非俄羅斯民族的支持，但缺乏政治組織與長遠戰略，使其在沙俄政府軍反擊後迅速瓦解。此外，普加喬夫未能採取靈活的防禦戰略，而是在兵力不足的情況下進攻喀山與察里津，違反「知己知彼，百戰不殆」的原則，最終導致失敗。儘管如此，這場戰爭暴露了農奴制度的弊端，加速了俄國社會變革，對後來的革命運動產生深遠影響。

俄國農民戰爭的背景

18世紀後半期，俄國社會進入動盪時期，農民戰爭頻繁爆發，其中以普加喬夫領導的起義規模最大，影響最為深遠。這場戰爭不僅動搖了沙俄的封建農奴制度，對俄國的政治、經濟與社會發展都產生了重大影響，也為後來俄國的社會革命埋下伏筆。

彼得大帝統治時期，俄國經歷了迅速的現代化與軍事擴張，經濟與國力達到巔峰。然而，到了18世紀中葉，隨著沙皇專制的進一步強化，封建農奴制度對農民的約束逐漸加劇。大地主對農民的要求增多，農奴被迫履行繁重的勞役和繳納高額的貢稅，許多工廠與農場也開始強制徵用農奴勞動。

同時，連年的戰爭使得國家財政負擔沉重，軍事開支不斷上升，普通百姓的生活壓力逐漸增大。此外，非俄羅斯民族（如巴什基爾人、韃靼人、哈薩克人）亦在土地與資源分配中處於不

第五部分：革命與民族主義戰爭的崛起

利地位，他們的土地、草場和森林逐步被貴族及修道院納入控制，生活條件惡化。這些經濟與社會問題引發了廣泛的不滿，並導致俄國農民起義頻發，僅 1762～1772 年間，便發生了超過 160 起反抗運動。

普加喬夫的崛起與戰爭的爆發

在這樣的社會背景下，農民領袖葉梅利揚・伊萬諾維奇・普加喬夫（Yemelyan Ivanovich Pugachev）崛起。他是一名頓河哥薩克人，利用農民對「善良沙皇」的迷信心理，自稱為被弒的沙皇彼得三世，號召農民與哥薩克人揭竿而起。1773 年 9 月 17 日，他率領 80 名哥薩克士兵發起起義，並迅速吸引廣大貧苦人民響應，最終形成一場席捲俄國東南地區的大規模農民戰爭。

這場戰爭可分為三個階段：

第一階段（1773 年 9 月～ 1774 年 4 月）：雅伊克河與巴什基爾地區的起義

普加喬夫起義初期，發布詔書，承諾解放農奴並給予土地與自由，吸引了大量哥薩克人、巴什基爾人、韃靼人以及烏拉爾地區的工人加入。起義軍迅速占領伊列茨克鎮，並對沙俄東南部的軍事要塞──伊倫堡（Orenburg）展開長達六個月的圍攻。儘管圍城戰未能成功，但起義軍迅速壯大，兵力由 3 萬人增至 5 萬人，擁有 86 門火炮。

36 普加喬夫農民戰爭：俄國封建制度的震盪與啟示

沙皇葉卡捷琳娜二世為平息起義，派遣亞·伊·比比科夫（A.I.Bibikov）率領 6,500 人的正規軍前往鎮壓。政府軍利用優勢兵力，逐步擊退起義軍，並在 1774 年 3 月 22 日的塔季謝瓦總決戰中重創普加喬夫軍，導致起義軍主力潰散。隨後，普加喬夫帶領殘餘部隊撤往烏拉爾山區，尋求重整旗鼓的機會。

第二階段（1774 年 4 月～1774 年 7 月）：烏拉爾與卡馬河地區的反攻

普加喬夫在烏拉爾地區重組軍隊，並於 1774 年 5 月攻占馬格尼特要塞與特羅伊茨克要塞。然而，政府軍迅速反擊，起義軍在特羅伊茨克要塞遭受重創，被迫撤往烏拉爾草原。6 月，起義軍再度東進，攻占克拉斯諾烏菲姆斯克，並渡過卡馬河，沿途不斷吸收農民與地方部隊加入，兵力一度增至 1.5 萬人。7 月 12 日，普加喬夫攻入俄國重鎮喀山，占領外城，但無法攻破防守嚴密的內城。沙皇政府迅速調遣援軍，於 7 月 15 日發動反擊，擊潰普加喬夫軍，迫使他率領殘部撤往窩瓦河流域。

第三階段（1774 年 7 月～1/75 年 1 月）：窩瓦河流域的農民人起義與失敗

普加喬夫來到窩瓦河流域後，當地農民踴躍參戰，使起義迅速蔓延至莫斯科邊境。然而，普加喬夫犯下策略錯誤，放棄進攻莫斯科，轉而南下頓河，希望獲得哥薩克援軍後再發動更大規模的攻勢。1774 年 8 月，起義軍占領察里津（今伏爾加格

勒）等地，兵力達到 1 萬人。

然而，俄國與鄂圖曼帝國於 7 月簽訂《庫楚克－開納吉和約》，沙皇政府因此得以從俄土戰場抽調重兵鎮壓農民起義。亞·瓦·蘇沃洛夫（A.V.Suvorov）被任命為政府軍總指揮，展開大規模鎮壓。8 月 25 日，起義軍在察里津以南遭受致命打擊，主力兵敗潰散。普加喬夫在逃亡途中遭部下出賣，最終被沙俄政府逮捕，於 1775 年 1 月 10 日在莫斯科被處決，農民戰爭以失敗告終。

農民戰爭的影響與歷史意義

這場戰爭波及俄國東南 60 多萬平方公里的廣大地區，參戰人數超過 20 萬人，是俄國歷史上規模最大的一次農民起義。雖然起義最終失敗，但它對俄國社會產生了深遠影響：

加速封建農奴制度的衰敗

農民起義顯示了封建農奴制度的嚴重弊端，使沙皇政府不得不推動改革。最終，俄國於 1861 年正式廢除農奴制度。

影響社會思想與革命運動

普加喬夫戰爭的經驗與教訓啟發了俄國後來的革命者，如亞·尼·拉吉舍夫（A.N.Radishchev）和十二月黨人，他們倡導的民主與自由思想，為 19 世紀的俄國社會運動奠定了基礎。

顯示農民運動的局限性

這場起義雖然聲勢浩大，但因為缺乏統一領導、策略計畫與明確的政治目標，使其最終走向失敗。這也成為日後俄國革命者在組織與戰略上改進的重要參考。

普加喬夫農民戰爭雖然未能推翻沙俄封建制度，但其英勇抗爭的精神，以及對後世俄國社會變革的啟發，使其成為俄國歷史上一場極具意義的農民革命運動。

37 德意志農民戰爭：16 世紀的反封建革命

戰略分析

德意志農民戰爭（1524～1525年）展現了孫子兵法「上下同欲者勝」的戰略要素，農民起義軍透過《十二條款》確立共同訴求，廣泛動員農民、市民與部分手工業者。然而，起義軍缺乏中央指揮與戰略統一性，未能形成強大合力，最終導致分散作戰、各個擊破，違反「合軍聚眾，交和而舍」的軍事原則。

農民戰爭雖源於經濟壓迫，但與宗教改革密切相關，反映了社會結構與政治權力的衝突。戰術層面，貴族軍隊運用「誘敵之計」，假談判使農民軍解除武裝，再逐步殲滅，展現「兵者，詭道也」的靈活應用。戰爭的失敗顯示了農民運動在組織與資源

第五部分：革命與民族主義戰爭的崛起

上的局限性，但仍對當時的社會秩序產生一定衝擊。它削弱了封建貴族與教會的傳統權威，間接促進宗教改革與社會結構的調整，也為後來歐洲各地的政治與制度變革提供了重要的歷史經驗，印證了「戰爭能夠改變社會結構」的觀點。

農民戰爭的背景與根源

1520 年代，德意志地區爆發了一場規模空前的農民戰爭，席捲神聖羅馬帝國南部。當時，大量農民、市民、礦工、手工匠、小貴族以及部分下層神職人員紛紛參與起義，表達對社會與制度現狀的不滿。這場戰爭是中世紀晚期德意志地區最廣泛的民間動員之一，反映出當時社會矛盾的集中爆發。

德意志農民戰爭的發生有其深刻的政治、經濟與社會背景。15 世紀末起，人口增加與土地資源的緊張使農村社會壓力漸增。部分貴族為維持自身生活方式，提高地租、增加徵稅，甚至發生侵占農民土地的情況。農民們曾嘗試透過請願等和平方式向領主表達訴求。例如，1524 年，上士瓦本地區的巴爾特林根農民就向領主遞交了多達 77 份抗議書，但未獲實質回應，民間不滿情緒因而升高，最終演變為武裝對抗。

宗教因素亦加劇社會緊張。16 世紀初，羅馬天主教會因聖職買賣與財務問題受到廣泛批評。據記載，僅 1520 年便有約 2,000 個教職以金錢換取，高層教士生活奢華，與處境清苦的

37 德意志農民戰爭：16世紀的反封建革命

基層神職人員形成鮮明對比。天主教會從德意志地區徵收大量財富，每年輸送至羅馬的資金高達30萬金幣，引發民眾普遍不滿，當地甚至被戲稱為「教皇的乳牛」。

此外，世俗貴族與地方諸侯也藉由擴張租稅、徵收通行費、鑄造劣幣等方式強化財政收入，導致農民與市民的經濟負擔加重。除地租外，還需繳納人頭稅、什一稅、戰時附加稅，甚至在死亡、婚嫁、繼承財產等情況下也需支付額外費用。如若違抗，常遭嚴厲懲罰，部分地區甚至出現如挖眼、截指等殘酷刑罰的紀錄。

起義的爆發與擴展

早在15世紀末，德意志南部的農民便開始組織祕密反抗組織，如「鞋會」，以象徵反抗貴族的長靴為旗幟。1518至1523年間，各地農民暴動此起彼落，1524年，德意志地區終於全面爆發農民戰爭，三分之二的農民投身戰鬥。

1524年夏，士瓦本地區的農民因拒絕服勞役而掀起大規模起義。起義軍領袖之一是神學家湯瑪斯·閔采爾，他主張徹底推翻封建制度，建立一個人人平等的社會。農民軍提出了《書筒》綱領，號召廢除封建制度，並在1525年3月制定《十二條款》，其主要內容包括：

◆ 廢除農奴制，恢復人身自由

第五部分：革命與民族主義戰爭的崛起

- 限制地租與勞役
- 收回貴族非法占據的公社土地
- 把教會的什一稅用於支付教士薪俸與公共事業
- 由農民選舉宗教管理人員

這些訴求雖然溫和，但已經觸及封建制度的根本利益，因此遭到封建貴族的武力鎮壓。貴族軍隊利用農民軍隊分散作戰的弱點，透過假談判誘使起義軍解除武裝，然後各個擊破。

1525 年 3 月，弗蘭科尼亞農民起義爆發，迅速擴展至整個南德。起義軍燒毀數百座城堡與修道院，懲治貴族，並獲得部分城市平民的支持。然而，由於城市商人與中產階級的搖擺態度，農民軍在關鍵時刻缺乏穩固的盟友，導致勢力分裂。最終，貴族軍隊逐步擊潰起義軍，7 月初，弗蘭科尼亞起義失敗。

圖林根起義與最終決戰

1525 年 2 月，閔采爾來到圖林根，組織繆爾豪森起義，推翻當地貴族政權，建立「永久議會」，閔采爾被推舉為領袖，繆爾豪森成為德意志中部的革命中心。在他的號召下，農民軍進一步擴展勢力，占領城鎮、城堡與修道院，並重新分配貴族的土地。閔采爾鼓勵人民推翻封建制度，實現財產公有與社會平等，他的口號是：「向前，向前，到了像打狗一樣窮追猛打惡棍的時候了……不要讓你們的刀劍冷卻、變鈍。」

37 德意志農民戰爭：16 世紀的反封建革命

1525 年 5 月，農民軍與貴族聯軍在弗蘭肯豪森展開決戰。由於人數劣勢、武器缺乏與組織鬆散，農民軍最終戰敗。閔采爾被俘，經過嚴刑拷問後遭處決。戰爭結束後，封建貴族對農民進行殘酷報復，據統計，戰爭中約有 10 萬名起義者被殺。

農民戰爭的影響與歷史意義

儘管德意志農民戰爭最終以失敗告終，但其影響深遠：

削弱天主教會的統治

這場戰爭重創了天主教會的政治與經濟權力，許多教堂與修道院被摧毀，教會領地被沒收，為日後的宗教改革鋪平道路。

動搖封建貴族的統治

雖然封建制度在戰爭後仍然存續，但許多貴族因戰爭而喪生或破產，騎士的地位進一步衰落，德意志的政治結構發生變化。

促進歐洲宗教改革與社會變革

農民戰爭的爆發與宗教改革同步，許多反對封建制度的思想在此期間得以發展，如馬丁 路德的宗教改革運動。戰爭的失敗雖然延緩了資本主義的發展，但也促使歐洲其他地區開始思考新的社會制度。

未竟的革命：德意志農民戰爭與歐洲社會運動的啟示

德意志農民戰爭是 16 世紀最激烈的社會動盪之一，雖然最終未能推翻封建制度，但其影響深遠，對歐洲的宗教改革與社會變遷產生了巨大作用，也為後來的革命運動提供了寶貴的經驗教訓。

38 美國獨立戰爭：自由與民主的開端

戰略分析

美國獨立戰爭（1775 ～ 1783 年）展現了孫子兵法「避實擊虛」的戰略。華盛頓深知英軍正規軍戰力強大，因此採取游擊戰與戰略退卻，如特倫頓戰役的奇襲戰術，在戰略上掌握「以逸待勞」的優勢。此外，約克鎮圍攻戰則運用「合軍聚眾」之策，聯合法軍與海軍封鎖英軍，使其陷入困境並投降，展現「上兵伐謀，次兵伐交」的軍事智慧。

美國在戰爭過程中成功運用外交戰略，爭取法國、西班牙與荷蘭的支持，使英國陷入國際孤立。戰爭的結果不僅推翻了英國的殖民統治，也開創了現代民主國家的先例，驗證了「戰爭改變社會結構」的理論。美國的勝利促使歐洲革命浪潮興起，特別是法國大革命，並影響全球殖民地的獨立運動，展現出戰爭對國際秩序與政治發展的深遠影響。

38 美國獨立戰爭：自由與民主的開端

殖民地的形成與衝突的根源

美國獨立戰爭（1775～1783）是一場北美殖民地人民為反抗英國統治、爭取民族獨立而進行的解放戰爭。這場戰爭最終導致英國失去其北美殖民地，並奠定美國作為獨立國家的基礎。

北美大陸原是印第安人世代生息的家園，17世紀初，歐洲移民開始湧入。1607年，第一批英國移民在維吉尼亞建立了詹姆士敦，開啟北美殖民時代。至1733年，英國已在北美東海岸建立13個殖民地，成為後來美國最初的州份。

在殖民地的發展過程中，資本主義經濟逐漸興起，農業、工商業、航運業蓬勃發展，特別是在種植園經濟和造船業領域。然而，英國當局為確保殖民地作為其原料供應地與市場，頒布了一系列法令，限制殖民地的經濟自由。例如，英國禁止殖民地向阿巴拉契亞山脈以西拓展、限制紙幣發行、解散殖民地議會、增加稅收等，導致殖民地人民日益不滿。

1770年，英軍在波士頓槍殺示威群眾（即「波士頓慘案」），激起更大反抗。1773年，波士頓居民發動「波士頓傾茶事件」，抗議英國政府的高壓政策。1774年，英國頒布「不可容忍法案」，進一步激化矛盾，北美13個殖民地遂召開**第一屆大陸會議**，商討抗英對策。此時，戰爭已無可避免。

第五部分：革命與民族主義戰爭的崛起

獨立戰爭的爆發與進程

第一階段（1775年4月～1777年10月）：戰略防禦

1775年4月19日，英軍前往康科德查抄殖民民兵的軍火庫，卻遭到「一分鐘人」民兵伏擊。萊辛頓和康科德戰役代表著戰爭正式爆發。隨後，北美民兵與英軍在邦克山戰役（1775年6月）中正面交鋒，展現驚人的戰鬥力，極大鼓舞了殖民地人民。

1776年7月4日，《獨立宣言》發表，正式宣布美國獨立，開創了人類歷史上第一次成功的殖民地獨立運動。然而，戰局仍對美國不利。1776年底，英軍攻占紐約，使獨立戰爭陷入低潮。為挽救戰局，華盛頓於12月25日聖誕夜率軍橫渡德拉瓦河，發動特倫頓戰役，奇襲英軍黑森傭兵，成功扭轉局勢。

1777年，英軍計劃切斷新英格蘭地區，從加拿大南下進攻薩拉托加。然而，在殖民地民兵的圍困下，英軍於薩拉托加戰役（1777年10月）被迫投降，這場勝利成為戰爭的重要轉折點。

第二階段（1777年10月～1781年3月）：戰略相持

薩拉托加勝利後，國際局勢對美國有利。1778年，法國與美國簽訂軍事同盟，正式參戰對抗英國；1779年西班牙參戰，1780年荷蘭加入，俄國則聯合普魯士、瑞典等國組成「武裝中立同盟」，對抗英國的海上封鎖。英國陷入國際孤立，美國的軍事實力亦因此增強。

1780 年，美軍與民兵在**吉爾福德戰役**大敗英軍，使英軍陷入困境。1781 年，英軍開始收縮戰線，向維吉尼亞退卻。

第三階段 (1781 年 4 月～ 1783 年 9 月)：戰略反攻與勝利

1781 年，英軍主力退守維吉尼亞約克鎮。華盛頓與法軍統帥羅尚博率 1.7 萬人南下圍攻約克鎮，法國海軍封鎖英軍補給線。在猛烈炮擊下，英軍於 1781 年 10 月 19 日投降，約克鎮戰役代表著戰爭的決定性勝利。

戰後，英美雙方展開談判。1783 年 9 月 3 日，《巴黎和約》正式簽訂，英國承認美國獨立，戰爭結束。

獨立戰爭的歷史意義

開創近代民族獨立運動

美國獨立戰爭是世界歷史上第一場殖民地成功擺脫宗主國統治的獨立戰爭，為後來拉丁美洲與亞洲的民族獨立運動提供了範例。

建立民主與自由的新政體

《獨立宣言》首次正式提出「人民主權」的原則，強調政府的合法性來自於人民的同意，並否定了「君權神授」的思想，奠定了現代民主政治的基礎。

第五部分：革命與民族主義戰爭的崛起

推動歐洲啟蒙思想的實踐

美國革命受到了啟蒙運動思想家的影響，尤其是洛克的「天賦人權」與盧梭的「社會契約」。這場戰爭的成功，也間接促成了法國大革命的爆發，並影響了後來歐洲的民主發展。

促進資本主義經濟發展

美國獨立後，擺脫英國的殖民束縛，使北美經濟得以自由發展，為美國日後成為世界強國奠定基礎。

改變國際格局

獨立戰爭導致英國在北美的殖民帝國瓦解，也影響了全球的殖民體制。戰爭過後，英國被迫進行政治與軍事調整，法國則受到美國革命的影響，進一步走向 1789 年的大革命。

自由與民主的典範：美國獨立戰爭的世界性影響

美國獨立戰爭不僅改變了北美的命運，也影響了整個世界的歷史進程。美國的獨立不僅粉碎了英國殖民統治，也為世界樹立了爭取自由與民主的典範，這場戰爭的精神，至今仍在世界各地發揮影響。

39 法國革命戰爭（1792～1799年）

戰略分析

　　法國革命戰爭（1792～1797年）展現了孫子兵法「上下同欲者勝」的戰略精髓。法國透過全民皆兵，使軍隊規模空前擴張，軍隊不僅是國家工具，更成為革命理想的延伸，展現了「兵民是勝利之本」。戰術上，法軍拋棄傳統線式戰術，採取靈活機動的縱隊進攻與分散隊形，提高戰場適應能力，符合「兵之情主速，乘人之不及」的原則。

　　法國戰爭的勝利來自於革命所激發的民族動員，使戰爭超越傳統王朝戰爭的範疇，進化為總體戰。法軍不僅在弗勒呂斯等戰役中獲得決定性勝利，更透過政治與經濟改革，確保物資供應與戰略持續性。戰爭最終削弱歐洲封建勢力，確立了民族國家的軍事模式，並為拿破崙的崛起奠定基礎，印證了「戰爭塑造國家」的歷史規律。

戰爭背景與爆發

　　18世紀末，法國大革命掀起了一場深刻的政治與社會變革，動搖了封建專制制度的根基，推動自由、平等與法治等理念的興起，對歐洲乃至世界的現代政治體制產生深遠影響。這場革命不僅推翻了舊制度，也促成了法蘭西共和國的誕生。然而，

第五部分：革命與民族主義戰爭的崛起

革命的進展引起歐洲各君主國家的強烈不安，他們視法國革命為對封建秩序的威脅，並迅速組成反法聯盟，試圖扼殺這場革命。

1792 年 4 月，法國對奧地利和普魯士宣戰，法國革命戰爭正式爆發。起初，法軍雖有高昂的愛國熱情，但由於軍隊剛經歷重組，戰備不足，作戰能力有限，導致戰局不利。1792 年 8 月，普奧聯軍逼近法國東北邊境，巴黎民眾爆發第二次武裝起義，推翻了君主立憲派政府，成立法蘭西共和國。同年 9 月，法軍在**瓦爾米會戰**成功擊退普奧聯軍，這場勝利代表著法國開始轉守為攻，穩定了革命政權。

反法聯盟的擴大與共和國的危機

1793 年 1 月，法國處決路易十六，此舉震驚歐洲，導致反法聯盟擴大，英國、荷蘭、西班牙等國加入戰爭。法國面臨四面楚歌的困境，反法聯軍同時從北方（荷蘭、奧地利）、東方（普魯士、德意志各邦）、南方（西班牙）及東南（薩丁尼亞王國）多線進攻法國領土。此外，國內王黨勢力趁機發動叛亂，旺代地區爆發大規模內戰，共和國陷入存亡之秋。

在此關鍵時刻，共和國政府由雅各賓派掌權，果斷推行**全民皆兵**政策，短時間內動員 120 萬人組成 14 個軍團，並進行軍事改革，包括：

39 法國革命戰爭（1792～1799 年）

- 廢除僱傭兵制，推動義務兵役制度。
- 重組軍隊指揮體系，提拔有能力的年輕將領，如拿破崙・波拿巴。
- 採取積極進攻戰略，不再固守防線，而是集中兵力進攻敵軍主力。

1793 年底，法軍在內戰與對外戰爭中取得決定性勝利，成功鎮壓旺代叛亂，並於**土倫戰役**擊敗英軍，展現了拿破崙的軍事才華。隨後，共和軍轉守為攻，收復比利時、萊茵河左岸，並在阿爾卑斯戰線上反擊西班牙軍隊，將戰火推向敵國領土。

戰爭的高潮與法軍的全面勝利

1794 年，法軍展開大規模反攻。6 月 26 日，法軍在**弗勒呂斯會戰**中擊敗奧軍，徹底奪回比利時，並迫使聯軍撤退至萊茵河以東。同時，法軍也在庇里牛斯戰線上進入西班牙，占領聖塞瓦斯蒂安，進一步削弱反法聯盟的勢力。

1795 年，隨著雅各賓派政權被推翻，督政府上臺，法國內部政治趨於穩定。戰爭形勢小對法國有利，反法聯盟開始瓦解，普魯士、西班牙等國先後與法國簽訂和約，退出戰爭。至此，法國成功擊退外敵，鞏固了共和國的地位。

第五部分：革命與民族主義戰爭的崛起

從共和保衛戰到總體戰概念：法國革命戰爭的歷史轉折

法國革命戰爭改變了歐洲的政治格局，使封建專制勢力遭受沉重打擊，也為拿破崙崛起奠定基礎。這場戰爭之所以能取得勝利，關鍵因素包括：

- **人民的參與**：法國實行全民皆兵，使軍隊規模與戰鬥力大幅提升，相較於以僱傭兵為主的敵軍，法軍士氣高昂，戰鬥力更為強大。

- **軍事戰略的革新**：法軍摒棄傳統的線式戰術，採用靈活機動的戰略，如縱隊進攻、散開隊形等，提高了戰場機動性與突擊力。

- **政治與經濟改革**：雅各賓派政府推行土地改革、抑制物價、控制經濟，確保了戰爭物資的穩定供應。

法國革命戰爭的勝利不僅捍衛了共和國的獨立，也為歐洲帶來現代民族軍隊與總體戰概念，影響深遠。隨後，法國在拿破崙的領導下進一步擴張，開啟了**拿破崙戰爭**時代。

40 拉丁美洲獨立戰爭（1791～1826年）

戰略分析

拉美獨立戰爭（1810～1826年）展現了孫子兵法「知彼知己，百戰不殆」的戰略。玻利瓦爾與聖馬丁等領袖善用地形，如翻越安地斯山脈發動奇襲，展現「出奇制勝」的戰術智慧。此外，他們利用「上下同欲者勝」的原則，團結黑人、印第安人與克里奧爾人，推動民族動員，使戰爭成為廣泛的社會革命。

拉美獨立戰爭正是政治鬥爭的產物，戰爭不僅為獨立而戰，更改變了社會結構，如廢除奴隸制與土地改革，確保新國家的穩定。戰術上，起義軍運用游擊戰消耗西班牙軍力，展現「避實擊虛」的策略，最終在阿亞庫巧戰役獲勝，徹底擊潰西班牙殖民統治。這場戰爭不僅解放了拉美，也為全球反殖民運動提供了範例，印證了「戰爭改變世界格局」的歷史規律。

殖民壓迫與獨立運動的背景

自15世紀末以來，西班牙與葡萄牙相繼征服拉丁美洲，並建立嚴酷的殖民統治。他們透過政治、軍事、經濟與宗教機構，對當地人民進行殘酷的壓迫，掠奪了大量黃金、白銀及其他珍貴資源。根據歷史記載，西班牙在美洲奪取約2.5萬公斤黃金與1億公斤白銀，葡萄牙則從巴西運走價值數億美元的黃金

與金剛石。此外，為了彌補原住民因疾病與屠殺所造成的勞動力損失，殖民者從非洲運輸至少 1,000 萬名黑人奴隸至拉丁美洲，使當地成為歐洲經濟體系的原料供應地。

教會亦成為殖民統治的主要支柱之一。宗教機構不僅協助殖民政府控制社會，還大量擁有土地與財富。例如，19 世紀初的墨西哥，教會掌握了全國約一半的不動產與三分之一的耕地，加劇了社會不平等與農民的困境。

海地革命：拉美獨立戰爭的開端

拉丁美洲獨立戰爭的序幕由海地人民率先揭開。海地原為西班牙殖民地，1697 年西部割讓給法國，成為法國最重要的甘蔗種植區之一，當地 50 萬名黑人奴隸遭受極端壓迫。受法國大革命影響，1781 年海地爆發大規模起義，並於 1798 年迫使法國軍隊撤出。

1802 年，法國執政者拿破崙為重奪海地並恢復奴隸制，派遣兩萬餘名法軍進行鎮壓。然而，在杜桑·盧維杜爾與其繼任者德薩林的領導下，海地軍民以游擊戰消耗法軍，最終於 1803 年 12 月擊潰法軍。1804 年 1 月 1 日，海地正式宣布獨立，成為拉美第一個擺脫殖民統治的國家，也成為世界歷史上第一個由奴隸成功推翻殖民主義者的國家。這一勝利極大鼓舞了整個拉美的獨立運動。

40 拉丁美洲獨立戰爭（1791～1826年）

獨立運動的擴展：墨西哥、委內瑞拉與智利

1810年起，拉美各地掀起獨立戰爭，其中以墨西哥、委內瑞拉和智利為主要戰場。

墨西哥獨立運動始於1810年9月16日，天主教教士伊達爾哥在多洛雷斯發表著名的「多洛雷斯呼聲」，號召印第安人與貧苦民眾起義，喊出了「獨立萬歲！美洲萬歲！」的口號。起義軍雖一度攻入墨西哥城郊，卻因戰略失誤最終失敗，伊達爾哥亦於1811年被捕處決。但其精神激勵了後續的革命者，最終於1821年，伊圖爾維將軍宣布墨西哥獨立，並促成1823年中美聯合省的成立。

南美北部的獨立戰爭則由委內瑞拉領袖西蒙・玻利瓦爾主導。他出生於克里奧爾貴族家庭，深受啟蒙思想影響，並在歐洲遊歷期間目睹了法國革命的影響。1813年，他領導軍隊解放委內瑞拉，建立第二共和國，但隨後因殖民軍的強勢反攻而失敗，被迫流亡牙買加。

1815年，西班牙在「神聖同盟」支持下派遣大軍鎮壓各地獨立運動，使拉美戰局陷入低潮。然而，玻利瓦爾並未放棄，他於1816年12月率軍重返委內瑞拉，並宣布廢除奴隸制，以此爭取黑人與印第安人的支持。1819年，他率領軍隊翻越安地斯山脈，奇襲西班牙軍隊，成功解放波哥大，成立大哥倫比亞共和國（現今委內瑞拉、哥倫比亞、厄瓜多三國）。1821年，他在卡

第五部分：革命與民族主義戰爭的崛起

拉博博會戰大敗西班牙軍，解放卡拉卡斯，隨後進軍厄瓜多，最終於 1822 年在皮欽查戰役中獲勝，徹底解放該地。

智利與秘魯的獨立戰爭則由阿根廷名將聖馬丁領導。他於 1817 年率領遠征軍翻越安地斯山脈，成功解放智利。1820 年，他從智利出發，率軍跨海進攻秘魯，於 1821 年占領首都利馬，宣布秘魯獨立。1822 年，他與玻利瓦爾在瓜亞基爾會面，隨後將解放秘魯的任務交由玻利瓦爾。

南美獨立的最終勝利

1823 年，玻利瓦爾率哥倫比亞與委內瑞拉聯軍進入秘魯，並與阿根廷與智利軍合流。1824 年 8 月，他在胡寧會戰擊敗西班牙軍隊。同年 12 月 9 日，在阿亞庫巧會戰中，玻利瓦爾的副將蘇克雷以少勝多，徹底殲滅西班牙殖民軍，確保南美獨立。1825 年，秘魯的上秘魯地區宣布獨立，為紀念玻利瓦爾，該地改名為玻利維亞。

1826 年，西班牙最後的據點卡亞俄港陷落，代表著西屬美洲殖民時代的終結。拉丁美洲自此擺脫 300 多年來的西班牙與葡萄牙統治，邁向獨立。

40 拉丁美洲獨立戰爭（1791～1826年）

拉美獨立戰爭的影響

- 結束西班牙與葡萄牙的殖民統治：拉美各國擺脫了落後的西班牙與葡萄牙，開啟獨立發展的道路。
- 民族意識的崛起：拉美人民在獨立戰爭中形成了強烈的民族認同，推動各國的國家建設。
- 廢除奴隸制：玻利瓦爾與聖馬丁等領袖廢除了奴隸制度，促進社會進步。
- 美洲與世界局勢的變革：拉美獨立為美洲反殖民運動奠定基礎，也促成美國門羅主義的提出（1823年），影響歐洲與美洲的外交關係。

拉丁美洲獨立戰爭歷時36年，席捲整個大陸，為世界反殖民運動提供了成功的範例，並深刻影響了19世紀的全球政治格局。

第五部分：革命與民族主義戰爭的崛起

第六部分：
拿破崙戰爭與歐洲秩序的重組

導讀

拿破崙戰爭與近代戰爭模式的變革

拿破崙戰爭（1796～1815 年）不僅是歐洲歷史上的一場重大衝突，也深刻影響了全球軍事、政治與社會發展。這場戰爭由拿破崙・波拿巴領導的法蘭西第一帝國與多次組成的反法聯盟之間進行，涵蓋數十場大型戰役，最終以拿破崙的失敗告終。然而，這場戰爭改變了歐洲的政治版圖，並促成了現代戰爭方式的轉型。本文將分析拿破崙戰爭的共同特色、軍事戰略創新以及戰後的歷史影響。

拿破崙戰爭的共同特色

1. 民族主義與總體戰

拿破崙戰爭的爆發與法國大革命的政治理念密切相關。法國透過革命建立共和國，並積極推廣「自由、平等、博愛」的思

想，這使得戰爭不僅是領土爭奪，更帶有意識形態色彩。戰爭期間，拿破崙利用民族主義動員大量士兵，實行「全民皆兵」制度，使軍隊規模空前壯大。

同時，拿破崙戰爭成為歷史上最早的**總體戰**之一。法國政府透過徵兵、經濟控制與戰爭工業動員，使國家資源全面投入戰爭。這種模式影響深遠，成為後來 19～20 世紀戰爭的典範，如普法戰爭與兩次世界大戰。

2. 戰略機動性與快速決戰

拿破崙戰爭的一大特色是高機動性戰略。拿破崙強調部隊的快速行動與靈活調度，使法軍能在短時間內集結兵力，迅速發動攻勢。例如，他在 1805 年的奧斯特利茨會戰中，透過誘敵戰術成功瓦解俄奧聯軍，取得決定性勝利。

此外，拿破崙採用「戰略包圍」與「中央突破」戰術，避免長期消耗戰，而是透過快速決戰來削弱敵軍。這種作戰方式提高了法軍的勝率，也影響了後來普魯士與德國的軍事戰略。

3. 軍事改革與兵役制度創新

拿破崙戰爭帶來的最大軍事變革之一是義務兵役制的確立。法國透過徵兵法案（如 1798 年頒布的《強制徵兵法》），建立龐大的常備軍隊，並將步兵、騎兵、砲兵等兵種更緊密結合，形成師級戰術單位，提高了戰場上的協同作戰能力。

這種軍隊組織結構的改革，使法軍在初期戰役中擁有壓倒性優勢。例如，在耶拿～奧爾施泰特戰役（1806年）中，法軍以優勢兵力快速擊潰普魯士軍隊，迫使普軍在數週內崩潰。拿破崙的軍事改革後來影響了德意志地區的軍隊建設，最終促成19世紀普魯士的軍事強化。

4. 砲兵與後勤體系的發展

拿破崙戰爭對砲兵的運用也帶來革命性變革。他採用大規模集群砲擊，使砲兵成為戰場上最具決定性的兵種之一。例如，在博羅季諾會戰（1812年）中，法軍動用了587門火砲對俄軍陣地進行猛烈轟擊，展現砲兵在決戰中的重要性。

此外，拿破崙重視後勤供應，透過組織軍事供應線與戰場補給體系，確保軍隊能在遠征過程中獲得持續補給。然而，這一體系在入侵俄國時受到嚴峻挑戰，最終導致法軍在莫斯科戰役後後勤崩潰，損失慘重。

經典戰役與戰略思維

1. 奧斯特利茨會戰（1805年）── 完美戰略運用

奧斯特利茨會戰被譽為拿破崙最偉大的勝利之一。在這場戰役中，他透過假撤退誘使俄奧聯軍進攻，並在關鍵時刻集中兵力突襲敵軍中央，最終造成聯軍全線崩潰。此戰展現了拿破崙對戰場誘敵、戰略機動與火力集中的高超掌控能力。

2. 博羅季諾會戰（1812 年）── 俄國戰爭的致命轉折點

拿破崙入侵俄國的戰略錯誤在於低估俄軍的「焦土戰術」。雖然法軍在博羅季諾戰役中取得戰術勝利，但卻未能迫使俄軍投降。拿破崙未能及時撤退，導致法軍在莫斯科大火與極寒天氣中陷入困境，最終喪失 50 萬大軍，動搖法國的霸權。

3. 滑鐵盧戰役（1815 年）── 拿破崙的最終敗亡

百日王朝期間，拿破崙試圖東山再起，但在滑鐵盧戰役中，遭到英軍與普魯士軍隊聯手擊潰。此戰突顯了法軍戰略上的缺陷，如未能及時消滅普軍，導致其後方遭受夾擊。滑鐵盧的失敗代表著拿破崙帝國的終結，也奠定了英國在 19 世紀的全球霸權地位。

拿破崙戰爭的歷史影響

1. 歐洲政治格局的改變

拿破崙戰爭導致歐洲版圖重組。1815 年維也納會議重新劃分勢力範圍，確立了「歐洲均勢」原則，試圖防止類似拿破崙的霸權再度崛起。然而，這場戰爭也催生了德意志與義大利統一運動，使民族國家的概念更加普及。

2. 現代軍事制度的建立

拿破崙的軍事創新成為 19 世紀各國仿效的對象。普魯士吸取法軍的戰略精華，透過軍制改革與普法戰爭（1870～1871

年),成功建立德意志帝國。此外,義務兵役制與總體戰概念在此後的兩次世界大戰中發揮關鍵作用。

3. 美洲與殖民地的變遷

拿破崙戰爭間接促成了美洲的變革。西班牙因戰爭消耗國力,導致拉美各地獨立運動興起,最終在1820年代使西屬美洲各國脫離西班牙統治。美國則在1812年發動第二次美英戰爭,進一步確立國際地位。

從軍事革新到國際秩序重塑:拿破崙戰爭的世界意義

拿破崙戰爭不僅是一場歐洲霸權的爭奪戰,也是一場促成近代軍事與國際關係變革的關鍵戰爭。這場戰爭推動了軍事技術的進步,奠定了現代戰爭模式,並對歐洲與美洲的政治發展產生深遠影響。拿破崙的軍事天才與錯誤決策同樣具有歷史價值,為後世提供了重要的戰略借鑑。

41 拿破崙戰爭(1796～1815年)

戰略分析

《孫子兵法》曰:「兵者,詭道也。」拿破崙的軍事戰略展現了靈活應變、速戰速決與欺敵戰術的精髓。他的閃電戰術與機

第六部分：拿破崙戰爭與歐洲秩序的重組

動作戰，使他在戰場上屢次創造奇蹟，迅速摧毀敵軍戰線。拿破崙的戰爭不僅是一場場戰役，更是他重塑歐洲政治格局的手段。他試圖建立以法國為中心的歐洲新秩序，最終卻因戰線過於延伸與敵人聯合反擊而失敗。

拿破崙的崛起與法國的戰爭機運

1769 年，拿破崙出生於科西嘉島的一個貴族家庭，年幼時接受軍事教育，並在砲兵部隊服役。他的軍事才華在法國大革命期間嶄露頭角，特別是在 1793 年土倫戰役中成功擊退英軍，獲得軍方與政府的青睞。

法國大革命與軍事改革：

- 1789 年法國大革命爆發，推翻舊王朝，使法國進入政治與軍事動盪時期。
- 革命政府實行徵兵制（全民皆兵），組建大規模軍隊，使法國軍力迅速增強。
- 1796 年，拿破崙率領法軍發動義大利戰役，連續擊敗奧地利軍隊，迫使奧國簽署《坎波福米奧和約》，法國在歐洲大陸獲得優勢。

霧月政變與拿破崙的掌權（1799 年）：

- 1799 年，法國督政府政治混亂，拿破崙趁機發動「霧月政變」，推翻督政府，建立執政府，自任第一執政。

41 拿破崙戰爭（1796～1815 年）

- 1804 年，拿破崙加冕為皇帝，正式建立法蘭西第一帝國，開啟他的戰爭時代。

拿破崙的軍事征服與帝國擴張

奧斯特利茨戰役（1805 年）：歐洲霸權確立

- 奧斯特利茨戰役（Battle of Austerlitz）是拿破崙戰爭的巔峰之作。
- 他採取「中央突破、側翼包圍」戰術，以假撤退引誘俄奧聯軍進入包圍圈，最終以少勝多，大敗敵軍。
- 這場勝利迫使奧地利退出反法聯盟，確立法國的歐洲霸權。

耶拿－奧爾施泰特戰役（1806 年）：普魯士的崩潰

- 拿破崙在耶拿－奧爾施泰特戰役中徹底擊潰普魯士軍隊，攻占柏林。
- 這場戰役證明了他的「師團制」軍隊的優勢，強調機動性與獨立作戰能力，使普軍無法有效組織反擊。

提爾西特條約（1807 年）：法俄短暫和平

- 1807 年，拿破崙與俄國沙皇亞歷山大一世簽署《提爾西特條約》，確保俄國暫時退出戰爭，並將歐洲劃分為法國與俄國的勢力範圍。

第六部分：拿破崙戰爭與歐洲秩序的重組

- 這是拿破崙歐洲戰爭的顛峰時期，他的勢力達到最盛，法國版圖覆蓋西班牙、義大利、德國、波蘭，歐洲幾乎完全落入法國掌控。

拿破崙戰爭的轉折點

西班牙半島戰爭（1808 年）：游擊戰的災難

- 1808 年，拿破崙廢除西班牙國王，扶植其兄長約瑟夫·波拿巴為新君，激起西班牙人民的強烈反抗。
- 英國軍隊介入戰爭，並支持西班牙游擊隊，法軍陷入持久戰，無法有效鎮壓。
- 這場戰爭成為拿破崙的第一場重大挫敗，也顯示出法軍難以應對游擊戰。

俄國戰役（1812 年）：拿破崙的致命戰略錯誤

- 1812 年，拿破崙率 60 萬大軍入侵俄國，希望迫使俄國執行「大陸封鎖令」，與英國斷絕貿易。
- 俄軍採取「焦土戰術」，不斷撤退並燒毀補給基地，使法軍無法獲得糧食與資源。
- 儘管拿破崙在博羅季諾戰役取勝，但當他進入莫斯科後，城市已被焚毀，法軍面臨補給困難與俄國冬季的致命寒冷。
- 法軍被迫撤退，60 萬大軍僅有不到 10 萬人生還，這場災難嚴重削弱了法軍戰力，使拿破崙的霸權動搖。

41 拿破崙戰爭（1796～1815 年）

拿破崙的衰落與最終敗亡

萊比錫戰役（1813 年）：諸國聯軍的反攻

- 俄國戰敗後，歐洲各國趁法軍虛弱之際組成第六次反法聯盟，發動反攻。
- 1813 年，法軍在萊比錫戰役（諸國戰役）中被聯軍擊敗，法軍大舉撤退。

滑鐵盧戰役（1815 年）：拿破崙的最後一戰

- 1815 年，拿破崙逃離流放地厄爾巴島，重返法國，展開「百日王朝」。
- 歐洲列強迅速組成第七次反法聯盟，由英軍威靈頓公爵與普軍布呂歇爾元帥指揮。
- 在滑鐵盧戰役（Battle of Waterloo）中，法軍最終被擊敗，拿破崙再度退位。
- 他被流放至大西洋的聖赫勒拿島，於 1821 年去世，結束其傳奇的一生。

拿破崙戰爭的歷史影響

1. 終結歐洲封建秩序：

- 拿破崙的戰爭摧毀了歐洲的封建制度，使法國大革命的「自由、平等、博愛」理念傳播至歐洲各國。

2. 軍事戰術與兵役制度的變革：

◆ 推行全民皆兵制,建立現代化國家軍隊模式。

◆ 砲兵戰術革新,提高戰場火力運用。

◆ 採用機動戰術,強調快速行軍與戰略調動。

3. 國際秩序的重組：

◆ 1815 年維也納會議召開,重建歐洲均勢,確保各國力量平衡,防止單一強權再度崛起。

◆ 英國成為全球霸主,建立長達一世紀的海上與經濟優勢。

4. 民族主義運動的興起：

◆ 拿破崙的征服引發歐洲各國的民族主義意識,使日後的義大利統一與德國統一成為可能。

拿破崙：戰爭藝術的大師與歐洲秩序的重塑者

拿破崙一生指揮約 60 場戰役,改變了世界軍事戰略與歐洲歷史。他的軍事思想影響深遠,被譽為「戰爭的藝術大師」,但他的帝國夢卻因過度擴張與多線作戰而破滅。

42 奧斯特利茨會戰：拿破崙的經典戰役

戰略分析

奧斯特利茨會戰（1805 年 12 月 2 日）是拿破崙戰略藝術的巔峰之作，充分展現《孫子兵法》中「先勝而後戰」的理念。拿破崙在開戰前即透過誘敵深入、主動放棄戰略高地等方式製造假象，使俄奧聯軍誤判戰局，應驗「兵者，詭道也」。此外，他掌握「致人而不致於人」，以靈活機動的戰略優勢迫使敵軍陷入己方設計的戰場，最終成功殲滅對手。

從《戰爭論》的角度看，此戰展現克勞塞維茲「集中優勢兵力於決勝點」的原則。法軍利用地形優勢與聯軍中央戰線的薄弱點，施展精準打擊，達成決定性勝利。拿破崙選擇敵軍最脆弱的時機出擊，使聯軍措手不及，成功展現「戰爭即政治的延續」之核心思想──透過戰場勝利改變歐洲格局。

奧斯特利茨戰役後，奧地利被迫求和，神聖羅馬帝國解體，歐洲政治版圖劇變，法國霸權達到巔峰，驗證了「勝兵先勝而後求戰，敗兵先戰而後求勝」的制勝法則。

戰爭背景與戰略布局

1805 年 12 月 2 日，法軍與俄奧聯軍在奧斯特利茨（今捷克與斯洛伐克的斯拉夫科夫）展開決定性戰役，史稱「三皇會

戰」。此役發生於歐洲第三次反法聯盟戰爭期間,當時的聯盟成員包括英國、奧地利、俄國、瑞典與西西里王國等國家。

當年,拿破崙原本準備進攻英國本土,但因海戰失利而不得不放棄計畫,改變戰略重心。他得知奧軍西進、俄軍試圖與奧軍會師後,便決定率軍東進,企圖在聯軍會合前攻占奧地利首都維也納。法軍以驚人的行軍速度,在 25 天內穿越法國本土,讓駐守在烏爾姆的奧軍措手不及。10 月中旬,法軍對烏爾姆發動攻勢,最終迫使奧軍 6 萬人投降。這場勝利讓法軍士氣高昂,並於 11 月 13 日迅速攻占維也納,迫使奧軍撤退至北方地區與俄軍會合。

會戰前的軍事謀略

俄奧聯軍在獲得俄軍增援後,開始向布林諾與沃洛莫茨一線轉移,並於奧爾米茨地區建立防線。拿破崙尾隨而至,但考量局勢後決定暫停推進,並利用這段時間調整兵力,增至 7.3 萬人,準備迎戰俄奧聯軍的 8.7 萬大軍。

為了誘使聯軍主動進攻,拿破崙故意示弱,不僅散布法軍兵力薄弱的訊息,甚至假意與聯軍談判。他還命令法軍放棄普拉欽高地,以誘使聯軍調動陣地,製造戰略破綻。俄奧聯軍誤判法軍的戰略意圖,在俄國沙皇亞歷山大一世的堅持下,聯軍總司令庫圖佐夫被迫提前發動進攻,未能等到後續援軍。

42 奧斯特利茨會戰：拿破崙的經典戰役

會戰的關鍵轉折

12月2日清晨，俄奧聯軍以12公里正面展開攻勢，主力集中在左翼，企圖切斷法軍退路，形成包圍態勢。然而，戰場南部的湖泊與沼澤地形成為法軍的天然屏障，使拿破崙能以較少兵力拖住聯軍主力，從而在中央與左翼形成優勢兵力。

法軍右翼以1萬兵力成功牽制俄奧聯軍4萬人，讓聯軍的攻勢受阻。為了支援左翼進攻，聯軍撤離普拉欽高地，導致中央戰線出現空隙。拿破崙立即掌握這一戰機，於9時發動主攻，以6萬兵力對抗聯軍中央僅有的4萬人。強烈的衝擊使聯軍陣線崩潰，普拉欽高地迅速落入法軍之手。

隨後，法軍完成中央突破，成功將聯軍主力攔腰切斷，並展開全面反攻。聯軍開始撤退，部分部隊被迫進入湖泊與沼澤區域，遭受重創。最終，俄奧聯軍損失慘重，共傷亡1.2萬人，另有1.5萬人被俘，而法軍損失不到1萬人。俄國沙皇亞歷山大一世與奧地利皇帝狼狽撤退，聯軍總司令庫圖佐夫則因受傷險些成為俘虜。

會戰後的影響

奧斯特利茨會戰的勝利改變了歐洲局勢。奧地利皇帝弗蘭茨一世不得不再次向拿破崙求和，並於12月15日簽署《普雷斯堡和約》，割讓大片領土並支付巨額賠款。這場戰役也導致歐

第六部分：拿破崙戰爭與歐洲秩序的重組

洲第三次反法聯盟瓦解，中歐地區成立了受法國保護的萊茵邦聯，奧地利皇帝更被迫解散「神聖羅馬帝國」，象徵著中歐政治格局的重大變遷。

拿破崙的戰略智慧

奧斯特利茨會戰充分展現了拿破崙的軍事天才。面對兵力劣勢，他靈活運用「集中兵力於主攻方向」的戰略原則，成功選擇最佳衝擊時機，並在關鍵時刻奪取戰場制高點。他善用地形、保持機動性，並適時追擊，使法軍能以少勝多。

反觀俄奧聯軍，他們在戰略計畫與執行上接連犯錯，對法軍的情報掌握不足，也低估了拿破崙的作戰意圖。加上俄國沙皇的過度干預，使聯軍指揮不統一，即便俄軍奮戰也難以挽回敗局。

歷史評價

德國哲學家恩格斯在〈奧斯特利茨〉一文中高度評價這場戰役。他寫道：「奧斯特利茨被公正地認為是拿破崙最偉大的勝利之一，它最為有力地證明了拿破崙的無與倫比的軍事天才。因為，儘管指揮失誤無疑是同盟國失敗的首要原因，但是他用以發現同盟國過失的洞察力、等待過失形成的忍耐力、實施殲滅性打擊的決斷能力和迅速擺脫失敗困境的應變能力——這一切

是用任何讚美之詞來形容都不為過的。奧斯特利茨是策略上的奇蹟，只要還存在戰爭，它就不會被忘記。」

奧斯特利茨會戰成為軍事史上經典戰例，影響後世戰略理論，也鞏固了拿破崙作為歷史上最傑出戰略家的地位。

43 博羅季諾會戰：拿破崙的致命轉折點

戰略分析

博羅季諾會戰（1812年9月7日）是拿破崙入侵俄國的關鍵戰役，展現出《孫子兵法》中「持久戰」與「避其鋒芒，擊其惰歸」的戰略原則。庫圖佐夫深知法軍遠征補給困難，選擇以防禦戰削弱其戰力，而非尋求決戰。這與《戰爭論》中「戰略防禦的目標在於保存自身，削弱敵人，為戰略反攻創造條件」的觀點不謀而合。

拿破崙在戰役初期雖以「兵貴神速」之勢迅速推進，但在博羅李諾遭遇堅決抵抗。儘管法軍憑藉優勢火力奪取巴格拉季昂稜堡，卻未能決定性擊潰俄軍。拿破崙因猶豫未投入近衛軍，錯失擴大勝果的機會，違背了「勝而不窮寇」的戰爭原則，導致法軍僅獲得戰術性勝利，卻無法轉化為戰略優勢。

戰後，俄軍雖撤退並放棄莫斯科，卻以「焦土戰略」斷絕法軍補給，使其陷入困境。庫圖佐夫深諳「全勝者不戰而屈人之

兵」，待敵疲敝後再發動反攻。隨著法軍在嚴寒與游擊戰夾擊下潰敗，拿破崙的俄國戰役最終以慘敗告終，驗證了「慎終如始，則無敗事」的軍事智慧，也象徵著法蘭西帝國霸權的衰落。

背景與戰略布局

1812 年，拿破崙決心入侵俄國，以進一步鞏固其在歐洲的霸權。他從法國及其附庸國中徵集了一支超過 60 萬人的大軍，於 6 月 24 日越過涅曼河進入俄國領土。第一批進軍的三個集團軍總計約 45 萬人，很快深入俄國內地。

俄軍面對法軍的迅猛攻勢，採取堅壁清野戰略，沿途撤退，並摧毀補給設施，以延滯法軍前進速度。8 月 16 日至 18 日，俄法兩軍在斯摩稜斯克爆發激戰，最終俄軍無法抵擋法軍的攻勢，被迫放棄斯摩稜斯克，向莫斯科撤退。8 月 29 日，俄軍由新任總司令庫圖佐夫接管指揮，他選擇繼續後撤，以尋找合適的決戰時機。

戰前部署

9 月 3 日，俄軍於博羅季諾地區構築防線，以封鎖法軍通往莫斯科的主要道路。庫圖佐夫決心憑藉陣地優勢與拿破崙進行決戰。他在博羅季諾村建立防線，防線橫跨約 8 公里，右翼緊靠莫斯科河，左翼則連接難以通行的烏季察森林。中央防線依

託庫爾干納亞高地,並在後方部署森林與灌木林,以便隱蔽軍隊並進行機動作戰。

俄軍防線上設有完備的防禦工事,包括巴格拉季昂稜堡等堅固據點,以迫使法軍在不利地形下作戰。9月4日,庫圖佐夫向俄國沙皇亞歷山大一世報告戰略部署,表明此戰是決定俄國命運的關鍵一役。

會戰爆發

9月7日拂曉,會戰以雙方砲兵交火揭開序幕。法軍擁有13萬兵力及587門火炮,而俄軍約12萬人,火炮640門,在大口徑火炮方面稍占優勢。

戰役初期,法軍向博羅季諾村發動猛攻,俄軍被迫渡過科洛查河退守。然而,當法軍渡河尾隨追擊時,遭到俄軍強力反擊,導致部分法軍退回西岸。

清晨6時,法軍開始衝擊俄軍防守的巴格拉季昂稜堡。7時,法軍成功攻占左翼的一座稜堡,但隨即遭俄軍反擊,雙方不斷投入增援部隊。從9時至11時,法軍對該據點發動四次攻擊,皆未成功。

第六部分：拿破崙戰爭與歐洲秩序的重組

戰事轉折與雙方損失

正午時分，拿破崙下令發起第八次衝擊，動用 4.5 萬大軍與 400 門火炮，攻擊俄軍 1.8 萬人與 300 門火炮的陣地。雙方短兵相接，戰況極為激烈。俄軍將領巴格拉季昂在戰鬥中身負重傷，導致俄軍防線受到嚴重衝擊。最終，法軍成功攻占稜堡，進入博羅季諾村。

然而，拿破崙未敢動用其最後的預備隊——近衛軍，以致法軍無法擴大戰果。俄軍雖然傷亡慘重，但仍保持頑強抵抗。由於俄軍無法及時補充兵力，庫圖佐夫決定撤回內地，放棄莫斯科。9 月 14 日，拿破崙率軍進入莫斯科，但卻發現城市已被俄軍提前撤離並付之一炬，使得法軍無法獲得補給。

會戰中，雙方損失極為慘重。俄軍約有 5.2 萬人傷亡，法軍亦損失超過 5 萬人（部分說法認為俄軍傷亡 4.4 萬，法軍約 3 萬）。雖然法軍占領戰場，但俄軍成功消耗法軍大量兵力，為後續反攻奠定基礎。

戰略影響與拿破崙的失敗

博羅季諾會戰對 1812 年俄國衛國戰爭的發展產生深遠影響。雖然未能立即扭轉戰爭局勢，但代表著拿破崙戰略計畫的破綻開始顯現。

43 博羅季諾會戰：拿破崙的致命轉折點

俄軍撤退至內地後，持續積聚兵力。10月18日，俄軍發起反攻，迫使法軍於19日撤出莫斯科，隨後節節敗退。11月，法軍在維亞濟馬戰敗，士氣受到嚴重打擊，加速了其崩潰。至12月，法軍在嚴寒與游擊戰的雙重夾擊下，幾乎全軍覆滅，最終喪失50萬大軍，拿破崙的俄國戰役以慘敗告終。

庫圖佐夫的戰術智慧

在博羅季諾會戰中，庫圖佐夫展現出卓越的戰術指揮。他的部隊採取縱深配置，步兵、騎兵與砲兵密切配合，確保防禦堅固。俄軍擁有強大的預備隊，並建立總預備隊，以維持戰線穩定。庫圖佐夫強調預備隊的重要性，他曾說：「只要將軍手中還握有預備隊，他就不會戰敗。」

此外，俄軍在衝擊或反擊前，善用砲兵進行火力準備，然後再以步兵與騎兵發動突擊。這種戰術與法軍的戰鬥方式相似，顯示出當時戰爭技術的演進與成熟。

拿破崙的回顧與歷史評價

博羅季諾會戰雖未能直接決定戰爭勝負，卻使拿破崙錯估局勢，導致其俄國戰役最終失敗。戰後，拿破崙曾感嘆：「在我一生的作戰中，最令我膽顫心驚的，莫過於莫斯科城下之戰。作戰中，法軍本應取勝，而俄軍卻博得了不可戰勝的權利。」

第六部分：拿破崙戰爭與歐洲秩序的重組

這場戰役不僅顯示了俄軍的頑強抵抗，也突顯出拿破崙戰略上的誤判。最終，法軍在俄國的慘敗代表著拿破崙霸業的衰落，而博羅季諾會戰則成為影響歐洲歷史的重要轉折點。

第七部分：
19 世紀的民族獨立與殖民衝突

導讀

民族主義戰爭的共同特徵

19 世紀的民族主義戰爭，如**壬辰戰爭、希臘獨立戰爭、英緬戰爭、爪哇人民起義、英阿戰爭、祖魯戰爭、美墨戰爭、義大利獨立戰爭與匈牙利民族獨立戰爭**等，儘管發生在不同地區，卻展現出許多共同的特徵，這些戰爭往往具有以下幾個相似之處：

1. 民族主義的崛起與獨立運動

19 世紀是民族主義高漲的時代，各國人民開始意識到自身的民族身份，並尋求擺脫外來統治，建立獨立國家。例如：

- **希臘獨立戰爭**中的希臘人希望擺脫鄂圖曼帝國的統治，建立民族國家。
- **義大利獨立戰爭**的目標是統一分裂的義大利地區，擺脫外來勢力的控制。

- **1848 年匈牙利革命**則是匈牙利人民試圖從奧地利哈布斯堡王朝的統治下獨立。

在這些戰爭中,民族主義成為動員人民的重要力量,使得戰爭不僅僅是政治鬥爭,更成為一場捍衛文化、語言與歷史認同的戰爭。

2. 殖民主義與外來勢力的壓迫

這些戰爭大多與殖民主義的擴張有關,主要對抗歐洲列強的侵略:

- **英緬戰爭、英阿戰爭、祖魯戰爭與爪哇人民起義**,都是歐洲列強(英國、荷蘭)對亞洲、非洲地區的殖民戰爭。
- **美墨戰爭**則是美國基於「天定命運」的擴張政策,侵占墨西哥大片領土。

這些戰爭展現出被壓迫國家如何努力抗爭,試圖維護自己的主權與文化。

3. 軍事技術與戰術變革

19 世紀的戰爭不僅僅是傳統軍事衝突,也展現了軍事技術的進步:

- **壬辰戰爭**中,朝鮮海軍的**龜船**被認為是世界上最早的裝甲戰艦,影響後世海軍戰術。

- **希臘獨立戰爭**中,希臘軍隊利用**火船襲擊鄂圖曼艦隊**,展示了游擊戰術的創新。
- **義大利與匈牙利的戰爭**,則突顯了正規軍與志願軍聯合作戰的重要性。
- **美墨戰爭**中,美軍首次運用了大規模兩棲登陸作戰(維拉克魯斯登陸),代表著現代軍事戰術的發展。

4. 外國勢力的介入與國際影響

這些戰爭的發展往往受到外國勢力的影響:

- **希臘獨立戰爭**中,俄國、英國與法國聯手支持希臘,以削弱鄂圖曼帝國的力量。
- **義大利獨立戰爭**中,法國支持薩丁尼亞王國,協助擊敗奧地利。
- **匈牙利戰爭**中,奧地利請求俄國干預,導致匈牙利戰敗。

這些例子顯示,19 世紀的戰爭並非單純的內部衝突,而是國際勢力競逐的戰場,顯示大國在民族戰爭中的關鍵作用。

5. 戰爭的殘酷性與長期影響

這些戰爭普遍具有極大的破壞性,導致社會與經濟的長期衰退:

- **王辰戰爭**導致朝鮮近七分之一人口死亡,社會動盪加劇。
- **美墨戰爭**使墨西哥喪失一半國土,經濟遭受重創。

第七部分：19 世紀的民族獨立與殖民衝突

- **匈牙利與義大利的戰爭**，則使這些國家經歷長期的政治動盪與內部分裂。

這些戰爭不僅影響當時的國際局勢，也塑造了後續的歷史發展。

這些戰爭對世界的影響

19 世紀的民族戰爭與獨立運動不僅改變了各國的命運，也對世界歷史發展產生深遠影響。

1. 促進民族國家的建立

這些戰爭的最重要成果之一是促進民族國家的形成：

- **希臘獨立戰爭**促成希臘從鄂圖曼帝國獨立，成為現代民族國家的典範。
- **義大利獨立戰爭**成功統一義大利，使其成為歐洲強國之一。
- **匈牙利雖然戰敗**，但最終在 1867 年與奧地利建立**奧匈帝國**，擁有更多自治權。

這些國家的成功激勵了其他地區的民族獨立運動，如之後的巴爾幹戰爭與亞洲各國的獨立運動。

2. 削弱傳統帝國，促使歐洲格局變動

這些戰爭動搖了傳統帝國的統治：

43 博羅季諾會戰：拿破崙的致命轉折點

- **鄂圖曼帝國因希臘獨立戰爭受重創**，逐漸喪失對巴爾幹地區的控制。
- **奧地利在義大利與匈牙利的戰爭後實力大減**，成為普魯士在日後普奧戰爭中的手下敗將。
- **美墨戰爭**使墨西哥國力大衰，並加深拉丁美洲對美國霸權的疑慮。

這些戰爭促使歐洲列強重新調整勢力平衡，最終導致 19 世紀末期的帝國主義時代。

3. 殖民地人民反抗運動的啟發

英緬戰爭、爪哇人民起義、祖魯戰爭與英阿戰爭的共同點，是殖民地人民奮起抵抗侵略者，雖然這些戰爭多以失敗告終，但也激勵了 20 世紀的民族獨立運動。例如：

- 緬甸最終於 1948 年獨立。
- 南非的祖魯人後來成為反種族隔離運動的重要象徵。

這些戰爭證明了即使強權如英國，也無法徹底鎮壓民族自決的趨勢。

4. 影響軍事與戰略思想

這些戰爭也對軍事思想發展產生重要影響：

- **壬辰戰爭的海軍戰術**，為後世提供遠距離炮戰與海上封鎖的概念。

- **美墨戰爭的兩棲登陸作戰**，影響了美國日後的軍事戰略，例如二戰的諾曼第登陸。
- **加里波底的游擊戰術**，影響了之後的拉丁美洲革命與亞洲的獨立運動。

這些戰爭的戰術與軍事創新，影響了之後的世界戰爭模式。

從民族獨立到帝國瓦解：19 世紀民族主義如何重塑世界秩序

19 世紀的民族主義戰爭，是世界歷史上重要的轉折點，無論是**反抗殖民統治、爭取民族獨立**，還是**擴張領土**，這些戰爭都改變了全球政治版圖。它們推動了民族國家的建立，削弱了舊帝國的統治，也為 20 世紀的反殖民運動奠定了基礎。此外，這些戰爭的軍事與戰略影響，至今仍影響現代軍事思想。這些戰爭的共同點，顯示出民族主義的力量如何在全球範圍內改變了歷史進程，影響深遠。

44 第二次美英戰爭：美國真正的獨立之戰

戰略分析

1812 年美國向英國宣戰，意圖維護國家主權並擴張領土，戰爭歷時三年，最終確立美國獨立地位。此戰展現了《孫子兵法》中「先為不可勝，以待敵之可勝」的戰略思想。美軍初期因指揮不當、兵力分散而屢遭挫敗，但透過重組指揮體系與改進戰略，最終在五大湖戰役、紐奧良戰役等關鍵戰場扭轉戰局。

《戰爭論》強調「戰爭是一種政治工具」，而美國的戰略轉變正展現此原則。初期美軍企圖侵略加拿大，未能成功，而後轉向防禦作戰，在五大湖區奪取戰略主導權，並利用戰略縱深防禦華盛頓、巴爾的摩等地，最終於紐奧良戰役徹底挫敗英軍。

戰爭結果驗證了「能因勢而制權者，必得天下」的兵法要義。美國透過此戰徹底擺脫英國影響，確立國家主權，並促成軍事改革與經濟發展，成為崛起中的強權。這場戰爭雖非全面勝利，卻在戰略層面達成核心目標，象徵著美國真正獨立的完成。

戰爭背景與爆發

美國在 1775 年至 1783 年的獨立戰爭後雖成功脫離英國統治，但英國始終不甘失去美洲殖民地，持續對美國施加經濟、政治與軍事壓力。尤其在拿破崙戰爭期間，英國海軍頻繁劫持

美國商船,強行徵召美國水手,據統計,美國有近 6,000 艘商船及上萬名水手遭英國扣押,嚴重影響美國的海上貿易與主權。此外,美國對加拿大的富饒土地垂涎已久,也有吞併之意。因此,在多重矛盾累積下,1812 年 6 月 18 日,美國正式向英國宣戰,第二次美英戰爭爆發。

戰爭初期:美軍的困境

戰爭初期,美國緊急擴軍,正規軍與民兵改編的志願軍總數達 6.5 萬人,海軍擁有 10 艘軍艦、150 艘快艇與 318 艘私掠船。然而,英軍當時正與法國作戰,無暇顧及北美,加拿大僅有 7,000 名英軍與 1 萬名民兵,加上少數印弟安盟軍。從戰略角度而言,美國應該具備優勢,但戰局發展卻出乎意料。

在 1812 年 6 月至 1813 年初,美國發起三路進攻加拿大的戰略行動,海軍在大西洋上取得不錯戰果,短短數月便擊沉三艘英艦,俘獲超過 500 艘敵船。然而,美軍陸戰表現卻不堪一擊。西北戰場上,英軍將領艾薩克・布羅克於 7、8 月間擊退美軍攻勢,並迅速攻占底特律,迫使美軍 2,500 人不發一槍即投降。中路與東路戰線的美軍亦接連失敗,甚至在紐約地區,當美軍遭遇英軍反擊時,紐約民兵袖手旁觀,不願支援正規軍作戰。

美軍戰敗的主要原因之一在於軍事將領的無能與指揮不當。許多高級將領年逾 60 歲,毫無實戰經驗,如總統詹姆斯・麥迪

遜本身不諳軍事，陸軍部長尤斯蒂斯指揮失當，導致部隊錯失戰機。此外，美軍紀律鬆弛，民兵只願守衛本土，後勤補給亦不足，這些因素導致美軍在戰爭初期屢戰屢敗。

戰局逆轉：美軍的調整與五大湖戰役

從 1813 年初至 1814 年初，英軍加強攻勢，並派遣大量海軍封鎖美國東岸，使美國的外貿與漁業幾乎陷入癱瘓。然而，美軍開始調整戰略，重組指揮機構，任命新一批年輕將領，如威廉‧亨利‧哈里森、雅各布‧布朗、溫菲爾德‧史考特與安德魯‧傑克森等，使指揮效率大幅提升。

五大湖區戰場成為戰爭轉折點。1813 年 9 月 10 日，美軍海軍司令奧利弗‧哈澤德‧佩里率領九艘軍艦在伊利湖擊敗英國艦隊，俘虜敵艦四艘，創下英國海軍史上罕見的艦隊投降事件。這場勝利使美軍控制伊利湖，進一步切斷英軍補給線，迫使英軍撤出底特律。同年 10 月 5 日，哈里森將軍率領 3,500 名美軍追擊撤退中的英軍，在泰晤士河畔的莫拉維安戰役中殲滅 500 名敵軍，俘虜 600 名英軍，並擊殺著名印弟安領袖特庫姆塞，徹底削弱英軍的印弟安盟友勢力。

然而，美軍對加拿大的進攻仍然受挫。在向蒙特婁發動的 1.3 萬人大規模攻勢中，卻被僅 2,000 名英軍與印弟安盟軍擊退，並最終被英軍反攻驅逐出加拿大。

第七部分：19 世紀的民族獨立與殖民衝突

戰爭擴大：東海岸與墨西哥灣戰事

1813 年春，英軍開始擴大戰爭範圍，進攻美國東海岸與墨西哥灣沿岸地區。英軍燒毀華盛頓，攻擊巴爾的摩，但在麥克‧亨利堡戰役中受挫。此戰，美國律師法蘭西斯‧史考特‧基在英軍營中見證堡壘激戰與美軍奮勇抗敵，因而寫下星條旗永不落，後來成為美國國歌。

1815 年 1 月，美軍取得紐奧良大捷。英軍派出 7,500 人試圖奪取紐奧良，然而，安德魯‧傑克森將軍憑藉精心設計的防禦工事，以 6,000 名部隊成功擊潰敵軍。英軍的炮火被傑克森特意堆砌的沙包牆吸收，美軍則待敵人接近後發動密集射擊，造成英軍死傷超過 2,000 人，而美軍僅損失 70 人。

和約簽訂與戰爭影響

1814 年 12 月，雙方簽訂《根特和約》，結束戰爭。雖然美軍在紐奧良獲勝，但當時雙方已簽約，這場戰役實際上發生在戰爭正式結束後。根據和約內容，英國承認美國的獨立地位，而美國則放棄對加拿大的領土要求。

這場戰爭的勝利確保美國徹底擺脫英國的政治與經濟影響，並為國內工業發展與擴張創造條件。此外，美軍在戰爭後進一步強化正規軍建設，使美國在國際上開始展露頭角。

歷史意義

與獨立戰爭不同，第二次美英戰爭規模較小，屬於有限戰爭，雙方多為營團規模的戰鬥，美軍傷亡 5,700 人，英軍損失相當。然而，此戰具有深遠影響，尤其是在海戰與戰術運用方面，雙方採用了許多新式武器，如火箭、空心爆破彈、水雷與蒸汽戰艦。英軍使用兩棲登陸戰術，而美國工兵在戰場上的工程技術亦發揮重要作用。

最終，美國在戰後迎來國家主權的全面鞏固，並擺脫英國的經濟與政治干涉，真正奠定獨立國家的基礎。這場戰爭不僅強化美國的軍事實力，也促進美國民族自信心的提升，使其逐漸成為國際強權。

45 朝鮮衛國戰爭：
壬辰戰爭的歷史意義與影響

戰略分析

《孫子兵法》曰：「知彼知己，百戰不殆。」壬辰戰爭（1592～1598）反映了三方——日本、朝鮮與明朝在戰略上的優勢與弱點。日本的優勢在於高度機動性的武士集團與戰國時期鍛鍊出的精銳軍隊，但其戰略錯誤在於低估補給線的重要性，導致長

期作戰無法維持。《戰爭論》的克勞塞維茲則強調:「戰爭的勝利取決於政治目標與資源的匹配。」豐臣秀吉雖然有稱霸東亞的野心,卻未能建立穩固的後勤支援,導致戰爭最終失敗。反觀朝鮮與明朝,則透過海軍戰術與聯合作戰成功抵禦日軍,維護了東亞的秩序。

日本的侵略野心與朝鮮的困境

16世紀後期,日本結束長達一世紀的戰國紛亂,豐臣秀吉統一全國後,開始對外擴張。他試圖透過征服朝鮮,進而進攻明朝,建立東亞新秩序。

日本的侵略動機與軍事準備:

- 日本於1587年完成九州平定,1590年統一全國後,豐臣秀吉計畫發動海外征戰。
- 日本武士經歷戰國時代長期內戰,作戰經驗豐富,士氣高昂。
- 日本軍隊裝備精良,擁有大量鳥銃(火繩槍),火力優勢顯著。

朝鮮的國防弱點:

- 16世紀朝鮮王朝內部政治鬥爭嚴重,政府腐敗,無法有效整合國家資源應對戰爭。

- 朝鮮軍隊裝備落後，仍主要依賴冷兵器作戰，火器發展落後於日本。
- 國防體系鬆散，戰爭初期難以組織有效防禦。

1592 年 5 月，豐臣秀吉派遣 22 萬日軍分批登陸朝鮮，迅速攻陷釜山、漢城，朝鮮國王宣祖被迫撤離首都，局勢岌岌可危。

日軍攻勢與朝鮮、明軍的反擊

日軍進入朝鮮後，以閃電戰方式推進，占領了朝鮮大部分領土。然而，由於補給線問題與當地義兵的反抗，日軍逐漸陷入困境。

日軍的優勢與弱點：

- 以火繩槍為主的部隊在陸戰上占據壓倒性優勢，能輕易擊敗傳統冷兵器軍隊。
- 但後勤補給線過長，糧食與物資依賴海上運輸，極易受到襲擊。
- 當地朝鮮義兵與游擊戰術對日軍造成嚴重騷擾，使其難以鞏固占領區。

明朝的介入與聯軍的反攻：

- 1593 年，明朝派遣李如松率領 5 萬大軍進入朝鮮，與朝鮮聯軍發動大規模反攻。

- 平壤大捷:明軍與朝鮮軍隊聯合收復平壤,迫使日軍撤退至南部沿海地區。
- 朝鮮海軍的貢獻:朝鮮海軍統帥李舜臣率領「龜船」艦隊,在釜山、閒山島等海戰中多次擊敗日軍艦隊,成功切斷日軍補給線,使其後勤陷入困境。

1593 年,日軍遭遇補給困難,加上明軍強勢反攻,不得不開始撤退,戰局逐漸轉向朝鮮與明朝一方。

日本的再度進攻與決定性失敗

第二次侵略(1597 年):

- 1597 年,豐臣秀吉不滿於 1593 年談判未果,決定再次發動侵略,派遣 14 萬大軍再度進攻朝鮮。
- 日本這次戰略更加謹慎,主要集中在南部沿海,試圖建立穩固據點,以利長期作戰。

朝鮮與明朝的聯合作戰:

- 朝鮮加強軍備,並得到更多明朝援軍支援。
- 1598 年,朝鮮海軍與明軍聯手,在露梁海戰重創日軍艦隊,使日軍完全喪失補給能力。
- 豐臣秀吉病逝,日本政局變動,戰爭結束:1598 年,豐臣秀吉去世,德川家康控制政權,日本新政府決定撤軍,戰爭正式結束。

壬辰戰爭的影響與歷史意義

1. 朝鮮成功抵禦侵略,維護國家獨立

- 朝鮮雖然遭受嚴重破壞,但成功保住國家主權,確保不受外來統治。
- 壬辰戰爭後,朝鮮加強國防體制,提高軍備水準,並改進軍事訓練。

2. 明朝的援助與國力消耗

- 明朝雖然成功阻止日本擴張,但軍事支出巨大,加速了明朝的財政危機,最終影響明末國勢衰弱。
- 壬辰戰爭顯示明朝仍然是東亞的霸主,但其衰落的跡象已開始顯現。

3. 日本的軍事戰略失敗與德川幕府的鎖國政策

- 日本未能成功征服朝鮮,戰爭暴露其後勤能力的不足,導致戰略徹底失敗。
- 1598 年豐臣秀吉死後,德川家康上臺,決定結束對外擴張,並於 17 世紀初實行「鎖國政策」,直至 19 世紀才重新對外擴張。

4. 朝鮮社會經濟倒退

- 朝鮮在戰爭中人口減少三分之一,大量城鎮與農村被破壞,經濟嚴重衰退。

- 貴族與地主趁機擴大土地所有權，導致土地集中現象加劇，進一步拉大社會貧富差距，為未來朝鮮社會的動盪與改革訴求埋下伏筆。

5. 海軍戰術的突破：「龜船」與現代海戰的雛形

- 朝鮮名將李舜臣發明的「龜船」，是世界上最早的裝甲戰艦，比歐洲的鐵甲艦早了數百年。
- 露梁海戰證明了「海軍封鎖與遠距離炮戰」的優勢，影響後世海軍戰術發展。

壬辰戰爭的歷史影響與東亞格局

壬辰戰爭不僅是一場朝鮮的衛國戰爭，更是東亞三國（明朝、朝鮮、日本）勢力角逐的關鍵戰役。這場戰爭的結果，決定了朝鮮的獨立、明朝的衰落，以及日本長期鎖國的政策方向。從戰略角度來看，這場戰爭顯示出後勤補給與聯合作戰的重要性，也揭示了東亞國際政治的複雜性。這場戰爭雖然已成歷史，但其影響至今仍深刻影響東亞的歷史發展。

46 希臘獨立戰爭：
擺脫鄂圖曼統治的歷史轉折點

戰略分析

《孫子兵法》曰：「兵者，國之大事，死生之地，存亡之道，不可不察也。」希臘獨立戰爭（1821～1830）是一場弱小民族對抗強大帝國的戰爭，戰略上的關鍵在於利用地形、游擊戰與國際政治來獲取優勢。希臘軍隊雖裝備落後，但憑藉靈活機動的戰術與海上優勢，在初期取得一定勝利。然而，希臘內部的分裂使戰爭進入困境，而國際干預則成為決定性的變數，最終導致希臘的獨立。

希臘民族意識的崛起與獨立戰爭的爆發

鄂圖曼帝國的統治與希臘人的壓迫

- 自 15 世紀末，希臘被納入鄂圖曼帝國統治，受制於繁重的賦稅與徭役，希臘人被視為「次等公民」。
- 18 世紀以來，希臘僑民透過商業與文化活動，積極推動民族覺醒。啟蒙運動與法國大革命的影響，進一步促使希臘人尋求獨立。
- 俄羅斯與法國曾短暫支援希臘人的反抗行動，但皆未成功。

戰爭的爆發與初期勝利

- 1821 年 3 月,由流亡俄國的「友誼社」領袖伊普西蘭提在摩爾達維亞發動起義,象徵希臘獨立戰爭的開端。
- 4 月,伯羅奔尼撒半島爆發大規模反抗運動,起義軍迅速攻占多座城市。
- 雅典戰役(1821 年 5 月):希臘民兵成功包圍雅典,迫使土軍撤退至科林斯,展現起義軍的戰力。
- 特里波利戰役(1821 年 10 月):希臘軍攻下伯羅奔尼撒的戰略重鎮,大幅鞏固南部戰果。
- 希臘獨立宣言(1822 年 1 月):在厄皮道魯召開的國民議會宣布希臘脫離鄂圖曼帝國,建立獨立政府。

這一階段,希臘軍隊透過靈活作戰策略與高昂士氣取得多次勝利,鄂圖曼帝國短時間內無法有效反擊。

土軍反擊與希臘內部分裂

1822 年後,鄂圖曼帝國開始動員大軍反攻希臘,試圖重新奪回失地。

鄂圖曼軍隊的反攻與希臘的抵抗

- 1822 年 6 月,土軍 3 萬人試圖收復伯羅奔尼撒,但遭到伏擊,全軍潰敗。

- 希臘海軍利用火船戰術，在海軍戰役（1822～1824）多次擊敗土軍艦隊，確保海上優勢。
- 米索隆基之圍（1825～1826）：土軍包圍米索隆基11個月，最終城破，僅300人倖存，成為希臘戰爭史上最悲壯的事件之一。

希臘內戰與戰局惡化

- 1824年，希臘內部因權力鬥爭爆發內戰，削弱了起義軍的力量。
- 1825年，埃及統治者穆罕默德．阿里派9萬精銳部隊進攻希臘，奪回特里波利，並重創希臘軍隊。
- 雅典失守（1826年）：土軍成功奪回雅典，希臘革命瀕臨崩潰。

此時，希臘軍隊雖仍在各地進行游擊戰，但戰局逐漸不利，迫使希臘尋求國際支援。

國際勢力介入與戰局逆轉

希臘的民族運動獲得歐洲列強的廣泛同情，特別是在英、法、俄的戰略考量下，希臘問題成為國際政治焦點。

列強的干預

- 1827年，希臘在特雷津國民議會選舉卡波季斯特里亞斯為總統，顯示俄國的影響力增強。

第七部分：19 世紀的民族獨立與殖民衝突

- 《倫敦條約》（1827 年）：英、法、俄三國要求土耳其與希臘停戰，否則將採取軍事行動。
- 納瓦里諾海戰（1827 年 10 月 20 日）：英法俄聯合艦隊殲滅土耳其與埃及聯軍艦隊，成為戰爭的轉折點。

戰局逆轉與最終勝利

- 1828 年，俄國對鄂圖曼帝國發動戰爭，迅速攻占巴爾幹半島北部，迫使土耳其退讓。
- 1829 年，希臘軍隊在別特拉戰役中取得決定性勝利，進一步解放國土。
- 1830 年《倫敦議定書》：英、法、俄強迫鄂圖曼帝國承認希臘獨立，戰爭結束。

希臘獨立戰爭的影響與歷史意義

1. 民族獨立運動的象徵

- 希臘成功擺脫鄂圖曼帝國統治，成為歐洲民族獨立運動的重要典範。
- 這場戰爭鼓舞了巴爾幹地區的民族獨立運動，影響塞爾維亞、保加利亞等國的獨立進程。

2. 歐洲列強對鄂圖曼帝國的干涉加劇

- 英、法、俄透過介入希臘戰爭，確立了在東地中海地區的影響力，開啟「東方問題」的時代。

- 俄國透過戰爭獲取巴爾幹影響力,而英法則確保希臘成為其勢力範圍。

3. 希臘國家的誕生與現代化進程

- 1832 年,歐洲列強扶持巴伐利亞王子奧托為希臘國王,建立君主立憲制國家。
- 希臘政府推動經濟發展與軍事現代化,為後來的領土擴張奠定基礎。

4. 軍事戰略的啟示

- 希臘軍隊透過游擊戰、地形優勢與海軍戰術成功抵禦強敵,顯示「不對稱戰爭」的重要性。
- 俄國、英國與法國的聯合作戰則展示了國際干預在民族戰爭中的決定性影響。

希臘獨立戰爭與歐洲歷史的轉折點

希臘獨立戰爭是 19 世紀民族主義興起的關鍵戰役,它不僅改變了希臘的歷史,也重塑了歐洲的政治版圖。這場戰爭證明了民族獨立運動的力量,同時也顯示了國際政治在戰爭中的決定性作用。最終,希臘的勝利為巴爾幹半島乃至整個歐洲的民族獨立運動奠定了基礎,成為世界歷史的重要轉折點。

第七部分：19世紀的民族獨立與殖民衝突

47 英緬戰爭：英國殖民擴張的東南亞戰場

戰略分析

《孫子兵法》云：「善戰者，求之於勢，不責於人，故能擇人而任勢。」英國在英緬戰爭中的戰略，展現了殖民帝國如何利用政治、經濟與軍事壓力，逐步實現擴張目標。英軍依靠強大的海軍優勢與分階段的侵略計畫，最終將緬甸納入殖民版圖。《戰爭論》的克勞塞維茲強調：「戰爭的勝利在於掌控決定性的戰略點。」英國透過海上封鎖與陸地推進戰術，逐步削弱緬甸抵抗，使其喪失戰略主動權。

英國的擴張野心與緬甸的被動防禦

殖民野心與戰略目標

19世紀初，英國已在印度站穩腳跟，將戰略目標擴展至中南半島。

- ◈ 確保印度邊界安全：英國擔憂緬甸影響英屬印度東北邊境，試圖消除潛在威脅。
- ◈ 控制貿易與戰略航道：緬甸地處東南亞重要樞紐，英國希望透過占領緬甸確保對中國與東南亞的貿易控制。

- 建立通往中國的陸路通道：英國希望利用緬甸作為向雲南與中國內陸擴張的跳板，進一步控制亞洲市場。

緬甸的困境與戰略劣勢

- 封建體制僵化：緬甸王朝的政治制度未能適應近代國際局勢，缺乏有效應對殖民侵略的能力。
- 對外部威脅警覺性低：緬甸政府誤判英國的侵略意圖，錯失加強防禦與外交談判的機會。
- 軍事現代化不足：緬甸軍隊仍主要依賴傳統冷兵器與地方軍閥，與英國的現代化武器形成極大差距。

英國巧妙利用緬甸的戰略弱點，以經濟與軍事壓力為手段，為全面侵略鋪路。

第一次英緬戰爭（1824～1826年）—— 英軍測試戰略優勢

英軍三路進攻戰略

英國以「緬甸威脅英屬印度」為由發動戰爭，採取三線攻勢：

- 北線：進攻阿薩姆地區，阻止緬軍進入印度東北邊境。
- 西線：攻擊阿拉干地區，摧毀緬甸在孟加拉灣沿岸的防禦。
- 南線：海軍沿伊洛瓦底江深入緬甸，直取仰光與內陸重鎮。

戰事發展與緬軍的困境

- 仰光戰役（1824 年 12 月）：英軍登陸後迅速掌控仰光，斷絕緬軍的補給與聯絡。
- 班都拉的反擊（1825 年）：緬軍統帥班都拉組織 6 萬大軍試圖奪回仰光，但因武器落後與後勤問題，未能成功。
- 伊洛瓦底江北上（1825 年 3 月）：英軍持續進攻，班都拉戰死，緬軍士氣低落，防線全面潰敗。

戰爭結果與影響

- 《仰光和約》（1826 年）：緬甸被迫割讓阿拉干與丹那沙林地區，並支付 100 萬英鎊賠款。
- 緬甸喪失戰略要地：英軍控制緬甸沿海，使其內陸易受攻擊。

這場戰爭雖然使英國付出重大代價，但成功測試緬甸的防禦能力，為後續侵略奠定基礎。

第二次英緬戰爭（1852 年）
—— 鞏固英屬緬甸的統治

英軍的戰略轉變

- 誘導開戰：英國以「英商在仰光受辱」為由，發出最後通牒，當緬甸拒絕時，隨即發動戰爭。

- 直接進攻首都周邊：英軍改變戰略，不再分散進攻，而是集中兵力快速奪取仰光與周邊地區。

戰爭過程

- 1852 年 4 月：英軍快速攻占仰光，並進一步向內陸推進。
- 1853 年初：英軍掌控緬甸下部地區，緬甸王室未能組織有效反擊。
- 1854 年後：英軍建立「英屬緬甸」，鞏固殖民統治。

戰爭影響

- 英國控制緬甸南部：鞏固對海上貿易的控制，進一步削弱緬甸的戰略價值。
- 緬甸內部動盪加劇：王室權威受損，為第三次戰爭埋下伏筆。

第三次英緬戰爭（1885 年）
—— 緬甸完全淪陷

英國的最終計畫

- 1880 年代，英國開始擔憂法國可能介入緬甸，決定加快吞併步伐。
- 1885 年，英國以「緬甸政府迫害英商」為藉口，對緬甸發動最後一擊。

戰爭結果

- 14 天內攻占曼德勒,緬甸國王被俘,王朝滅亡。
- 1886 年 1 月 1 日,英國正式宣布緬甸成為殖民地。

戰爭影響

- 緬甸成為英屬印度一部分:政治體制被英國取代,傳統君主制度瓦解。
- 經濟被徹底殖民化:英國大肆開採資源,使緬甸成為大英帝國的農業與礦產供應地。
- 民族抗爭持續:雖然英軍獲勝,但緬甸人民長期進行游擊戰,最終於 1948 年獨立。

英緬戰爭與殖民擴張的歷史教訓

英緬戰爭展示了殖民帝國如何透過軍事侵略、經濟控制與政治操弄,逐步吞併一個主權國家。這場戰爭的歷史意義包括:

不對稱戰爭的典型案例

英軍依靠現代化武器與海軍優勢,擊敗傳統封建國家,展示了當時軍事技術與戰爭方式的差異對國際力量格局的深遠影響。

殖民政策與民族反抗

緬甸最終雖被併入英屬印度,但其民族意識未被消滅,反殖民戰爭持續超過 50 年。

國際戰略競爭的縮影

英國與法國在緬甸的競爭，顯示 19 世紀列強為爭奪殖民地而不斷擴張，最終導致世界格局的變化。

英緬戰爭不僅重塑了緬甸的歷史發展軌跡，也呈現出 19 世紀列強擴張過程中的地緣政治考量，對後來的區域戰略思維與民族自決運動產生深遠影響。

48 爪哇人民起義：反抗殖民統治的歷史篇章

戰略分析

爪哇戰爭（1825～1830 年）展現了孫子兵法「善戰者，立於不敗之地」的戰略原則。蒂博尼哥羅初期利用游擊戰術，充分發揮「避實擊虛」之道，以伏擊與流動戰襲擊荷軍，並利用宗教號召力形成強大民族動員。然而，他未能掌控「上下同欲者勝」的局勢，內部貴族分裂最終削弱了起義軍，使其喪失戰略優勢。

荷蘭殖民者透過堡壘戰術與分化策略，削弱起義軍的持久戰能力，顯示了戰爭不僅是軍事對抗，更是統治策略的較量。蒂博尼哥羅雖在軍事上展現靈活戰術，但在政治聯盟與長期戰略規劃上未能鞏固統一戰線，導致戰爭最終失敗。然而，這場戰爭動搖了荷蘭殖民統治，為後續印尼獨立運動提供經驗，印證了「戰爭決定國家命運」的歷史規律。

第七部分：19 世紀的民族獨立與殖民衝突

爪哇的歷史背景與殖民統治

爪哇島是印尼最重要的島嶼，以其肥沃的土地和豐富的資源聞名。自 16 世紀起，西方殖民者陸續進入東南亞，爪哇也成為各國爭奪的目標。1602 年，荷蘭成立「聯合東印度公司」，並獲得壟斷貿易的權力。該公司不僅建立貿易據點，還武裝侵略，對當地居民進行殘酷的壓榨，包括強迫勞役、壟斷貿易及奴隸制度等。

18 世紀末，東印度公司被解散，荷蘭政府直接統治印尼。隨著 19 世紀初拿破崙戰爭的影響，英國曾短暫控制爪哇，但最終於 1816 年將該地歸還荷蘭。然而，荷蘭殖民當局為彌補戰爭損失，變本加厲地壓榨當地資源，引發廣泛的不滿與反抗。

蒂博尼哥羅與起義的爆發

1825 年，爪哇王室貴族蒂博尼哥羅因不滿荷蘭侵害封建貴族的利益，並摧毀穆斯林墓地修建道路，而舉起反抗大旗。他與叔父莽古甫美在斯拉朗建立起義總部，號召民眾發起「聖戰」，並獲得廣泛支持。許多封建王公、伊斯蘭學者及平民參與，形成約六萬人的軍隊。

起義的發展與戰略

起義軍採取游擊戰術，先後擊敗荷軍數次，並於 1825 年 10 月成立「爪哇伊斯蘭王國」，蒂博尼哥羅自任蘇丹，正式與荷蘭對抗。1826 年，起義軍控制爪哇中部地區，對荷軍形成重大壓力。其戰術靈活，利用地形進行伏擊，成功擾亂殖民軍的行動。

然而，隨著戰爭進入相持階段，荷蘭改變策略，修築大量堡壘，並派遣大規模援軍鎮壓起義。此外，荷蘭當局還成功策反了一些貴族，內部分裂使起義軍勢力逐漸減弱。

起義的衰敗與影響

1828 年，起義軍高級領袖摩佐投降荷蘭，掀起一連串的變節潮，導致戰局急轉直下。1829 年，蒂博尼哥羅的叔父莽古甫美與總司令申托特相繼投降，使起義軍進一步瓦解。1830 年，蒂博尼哥羅在與荷軍談判時遭逮捕，隨後被流放至蘇拉威西島，代表著起義的結束。

雖然爪哇人民起義以失敗告終，但它重創荷蘭殖民統治，造成荷軍 15 萬人傷亡、殖民者耗費大量財力，並激勵亞洲各地的民族獨立運動。這場戰爭證明了殖民統治並非不可動搖，為後續的反殖民運動奠定了基礎。

第七部分：19世紀的民族獨立與殖民衝突

49 英國與阿富汗的戰爭：
抵抗殖民統治的世紀鬥爭

戰略分析

英阿戰爭（1839～1919年）展現了孫子兵法「知己知彼，百戰不殆」的戰略要素。阿富汗軍隊深諳地形優勢，運用游擊戰與伏擊戰術，成功拖垮英軍補給線，特別是在1842年撤退途中全殲英軍的戰役，完美展現「以虛待實」的戰略。此外，阿富汗人民展現「上下同欲者勝」的民族團結，使戰爭成為全民動員的抗爭。

阿富汗抗英戰爭不僅是軍事衝突，更是一場民族獨立運動。英國雖擁有先進武器與龐大軍隊，但殖民統治缺乏合法性，導致當地民眾強烈反抗，印證「防禦優於進攻」的戰略原則。最終，阿富汗以靈活戰術與持久戰拖垮英國戰爭意志，贏得獨立，證明了「戰爭決定國家命運」的歷史規律，並為全球反殖民運動提供寶貴經驗。

阿富汗的戰略地位與殖民勢力的覬覦

阿富汗位於南亞與中亞的交界處，地勢險峻，為歷來兵家必爭之地。興都庫什山脈將阿富汗與印度次大陸隔開，使其成為通往南亞的重要門戶。19世紀初，英國與俄國均試圖在該地

49 英國與阿富汗的戰爭：抵抗殖民統治的世紀鬥爭

擴展勢力。英國希望透過阿富汗建立對印度的屏障，而俄國則企圖南下，尋找通往印度洋的出海口。這場地緣政治競爭導致英國於 1839 年至 1919 年間對阿富汗發動了三次侵略戰爭，但最終皆遭到阿富汗人民的頑強抵抗而失敗。

第一次英阿戰爭（1839～1842）：殖民者的慘痛失敗

1830 年代，阿富汗經過內戰，由多斯特‧穆罕默德統一。然而，他對俄國表示友好，觸怒了英國。英國遂以「俄國威脅」為藉口，於 1839 年出兵入侵阿富汗，試圖扶植親英政權。英軍 3 萬餘人分兩路進攻，迅速占領坎大哈、加茲尼，並於 7 月攻入喀布爾。多斯特‧穆罕默德逃亡，英國在阿富汗扶植傀儡政權。然而，當地人民強烈不滿，紛紛組織游擊隊，對英軍展開襲擊。

1841 年 11 月，喀布爾爆發大規模起義，起義軍攻入英軍據點，迫使英軍簽署撤軍協議。1842 年 1 月，英軍在撤退途中遭到持續伏擊，最終 1.6 萬人僅剩一名傷員逃回印度。此役重創英國殖民聲望，英軍雖然於 1842 年再次進攻喀布爾，但最終仍選擇撤軍，阿富汗保持了獨立。

第二次英阿戰爭（1878～1881）：抗英戰爭的再次爆發

1870 年代，英俄兩國在阿富汗邊界爭奪勢力範圍，阿富汗統治者偏向俄國，使英國再度出兵。1878 年 11 月，英軍分三路入侵阿富汗，迅速占領坎大哈與賈拉拉巴德。阿軍試圖向俄國求援，但未獲支持，於 1879 年簽署《甘達馬克條約》，成為英國的附屬國。

此條約引發強烈民憤，喀布爾人民於同年 9 月發動起義，殺害英國總督。阿富汗各地人民組織游擊隊，對英軍展開持續襲擊。1880 年，抗英軍在邁萬德戰役中大敗英軍，迫使英軍撤離喀布爾。最終，英國承認阿富汗內政自主，並於 1881 年撤出阿富汗，結束了第二次戰爭。

第三次英阿戰爭（1919）：爭取獨立的最後戰役

第一次世界大戰後，國際局勢有利於阿富汗爭取獨立。1919 年，阿富汗新政府宣布獨立，英國不願放棄在當地的特權，遂發動第三次侵略戰爭。5 月，英軍分三路進攻，但阿軍士氣高昂，在多次戰役中予以頑強抵抗，並獲得印阿邊境部落的支援。儘管英軍擁有飛機與重型武器，阿富汗人民仍頑強作戰，迫使英軍陷入困境。

最終,英國因印度民族運動高漲及戰事膠著,被迫停戰。1921 年 11 月,英阿簽訂和約,英國正式承認阿富汗獨立,阿富汗人民贏得最終勝利。

抗殖民鬥爭的象徵

阿富汗歷經三次英阿戰爭,以血淚換取了獨立,這場長達 80 年的抗爭對全球反殖民運動產生了深遠影響。此戰役證明,即使在強權面前,只要民族團結,外來侵略終將失敗。阿富汗的勝利不僅震撼了英國殖民體系,也為亞洲與非洲的民族獨立運動提供了寶貴的經驗。

50 祖魯戰爭:南非抗殖民鬥爭的英勇史詩

戰略分析

祖魯戰爭(1838～1879 年)展現了孫子兵法「知己知彼,百戰不殆」的戰略原則。祖魯軍隊利用靈活的「牛角戰術」包抄敵軍,並在伊桑德爾瓦納戰役成功擊潰英軍,展現「避實擊虛」與「兵貴神速」的作戰精髓。然而,祖魯人未能掌握戰略全局,在取得初步勝利後未能迅速擴大戰果,給英軍留下反攻機會,違反了「勝可知,而不可為」的戰略原則。

祖魯戰爭不僅是軍事衝突,更是殖民主義與非洲土著國家

生存的較量。英國透過技術優勢與總體戰模式最終粉碎祖魯抵抗，印證「防禦優於進攻」的理論。儘管祖魯王國最終敗北，但其戰鬥精神對後世南非民族主義運動產生深遠影響，成為反殖民鬥爭的重要象徵，證明了「戰爭決定民族命運」的歷史規律。

祖魯王國的崛起與南非的殖民背景

祖魯人是南非土著南班圖人的一支，主要居住在今日南非的夸祖魯－納塔爾省、史瓦帝尼及莫三比克部分地區。18世紀末至19世紀初，南班圖人正處於原始社會瓦解、部落聯盟興起並逐步形成國家的歷史階段。1817年，祖魯首領恰卡（Shaka Zulu）統一3,000多個部落，建立祖魯王國，並推動軍事與政治改革，使其成為南非強大的勢力。

然而，自1652年起，荷蘭東印度公司在南非建立殖民地，吸引大批荷蘭移民，他們的後裔被稱為布爾人（Boers），意為「農民」。隨著18世紀末英國接管開普殖民地，英國人與布爾人之間的矛盾加劇，布爾人為逃避英國統治，於1830年代發起「大遷徙」，深入祖魯領地，導致雙方爆發衝突。

1830年代祖魯戰爭：對抗布爾人的入侵

1837年，布爾人翻越德拉肯斯堡山脈，進入祖魯王國，尋求新的土地與通往印度洋的出海口。祖魯國王丁干（Dingane）

發現布爾人透過欺騙手段奪取土地,於 1838 年 2 月下令處決 70 多名布爾人,使衝突升級。

祖魯軍隊隨後展開攻勢,對納塔爾西部的布爾人據點進行襲擊,並擊敗布爾援軍。然而,祖魯人未能徹底消滅敵人,給布爾人重整旗鼓的機會。1838 年 12 月 16 日,布爾將領比勒陀利烏斯(Andries Pretorius)率領 464 名布爾戰士,以牛車環形陣抵擋祖魯人的進攻。祖魯軍隊雖英勇奮戰,但因武器落後,在思康姆戰役(Battle of Blood River)中慘敗,3,000 多名戰士陣亡。此後,祖魯人節節敗退,1839 年被迫簽訂協議,割讓大片土地予布爾人,代表著戰爭的結束。

1879 年祖魯戰爭:對抗英國的侵略

19 世紀下半葉,英國開始加速對南非的擴張,並於 1877 年吞併布爾人的德蘭士瓦共和國(Transvaal)。英國當局視祖魯王國為威脅,並於 1878 年底向祖魯國王克特奇瓦約(Cetshwayo)發出最後通牒,要求其解散軍隊,允許英國駐軍監督祖魯內政。克特奇瓦約拒絕妥協,戰爭遂於 1879 年 1 月爆發。

1 月 22 日,祖魯軍隊在伊桑德爾瓦納戰役(Battle of Isandlwana)中發動突襲,以長矛與盾牌對抗英軍火槍與大炮,最終擊潰英軍主力,殲敵 1,600 人,並繳獲大量槍械與彈藥。這場勝利震驚英國,但祖魯人並未進一步發動總攻,使英軍得以重組兵力。

英國增派 2 萬名援軍，配備重炮與騎兵，對祖魯王國展開報復行動。7 月 4 日，在烏隆迪戰役（Battle of Ulundi）中，祖魯軍隊面對英軍強大的火力，被迫進行正面作戰，最終慘敗，戰死 3,000 人，祖魯王國走向滅亡。

祖魯戰爭的影響與歷史意義

儘管祖魯人最終敗北，但他們的英勇抵抗為南非反殖民歷史寫下光輝篇章。伊桑德爾瓦納之戰成為非洲對抗歐洲殖民者的重大勝利，直到 1896 年衣索比亞在阿杜瓦戰役擊敗義大利，才有更具影響力的非洲勝利。

祖魯戰爭也對英國內政造成影響，使當時的保守黨政府陷入政治危機，被迫下臺。恩格斯曾讚揚祖魯戰士「以長矛與盾牌對抗英軍的彈雨，不止一次打散英軍隊伍，甚至使英軍潰退」，這顯示出非洲人民不屈不撓的民族精神。

雖然祖魯王國最終被英國吞併，但祖魯人的反抗精神仍激勵了後世的南非民族主義運動，為 20 世紀南非人民爭取獨立與反對種族隔離制度奠定了基礎。

51 美墨戰爭：美國擴張與墨西哥抗爭

戰略分析

美墨戰爭（1846～1848年）展現了孫子兵法「兵者，詭道也」的戰略。美軍透過外交操弄與軍事威脅，挑起戰爭，並採取快速進攻、兩棲登陸與分進合擊的戰略，如史考特的維拉克魯斯登陸與直取墨西哥城，展現「先勝後戰」的作戰模式。反觀墨西哥軍隊，雖擁有較大兵力，但內部指揮混亂、戰略決策反覆，使得「多算勝，少算不勝」的軍事原則無法發揮。

美國透過戰爭擴張國土，為工業發展與經濟利益服務，並在國內鞏固「天定命運」的意識形態。然而，戰爭雖使美國擴張，但也加劇了南北方奴隸制度的矛盾，間接催化內戰。墨西哥則因內部政治分裂與軍事劣勢，最終喪失大量領土，印證了「戰爭決定國家命運」的歷史規律。此戰爭不僅改變北美格局，也成為拉美抵抗美國擴張的歷史象徵。

美國西進政策與戰爭爆發

19世紀初，美國政府以「天定命運」為藉口，積極推動西進運動，將領土擴張視為國策，尤其是南方奴隸主，更是擴張的主要推動者。德克薩斯原屬墨西哥領土，但因美國移民大量湧入，1835年，美國政府暗中支持德克薩斯奴隸主發動武裝

叛亂，墨西哥雖試圖鎮壓，但最終在 1846 年德克薩斯宣布「獨立」，成立「德克薩斯共和國」（又稱「熊星國」）。

1845 年，美國正式吞併德克薩斯，並加緊對墨西哥的其他領土展開侵略，特別是新墨西哥與加利福尼亞地區。1846 年 5 月 13 日，美國以邊界爭議為藉口，正式對墨西哥宣戰，美墨戰爭爆發。

第一階段戰爭（1846～1847 年初）：美軍攻占墨西哥北部

美國在軍事與經濟上擁有壓倒性優勢，軍隊裝備精良，擁有來復槍與大砲，並控制海上優勢。而墨西哥軍隊人數雖多，但多由裝備落後的印第安人組成，缺乏紀律與有效指揮。

美軍主力由泰勒（Zachary Taylor）指揮，迅速進入墨西哥北部。1846 年 5 月，在帕洛阿爾托與雷薩卡‧德‧拉帕爾馬戰役中，美軍憑藉強大火力擊潰墨軍，隨後於 9 月攻陷蒙特雷。1847 年 2 月，雙方在布埃納維斯塔決戰，墨軍雖有 2 萬人，但仍被美軍 5,000 人擊潰，美軍損失 746 人，墨軍則傷亡超過 1,500 人。

與此同時，美國海軍遠征加利福尼亞，美軍移民於 6 月發動叛亂，建立「加利福尼亞共和國」，隨後美軍與太平洋分艦隊配合，擊敗墨軍，將加利福尼亞與新墨西哥併入美國。

51 美墨戰爭：美國擴張與墨西哥抗爭

第二階段戰爭（1847～1848年）：攻陷墨西哥城

為徹底擊敗墨西哥，美軍改變戰略，選擇最短路線直攻首都墨西哥城。美軍司令史考特（Winfield Scott）策劃維拉克魯斯登陸戰，這是美軍歷史上首次大規模兩棲作戰。

維拉克魯斯登陸（1847年3月）：

美軍1.3萬人搭乘72艘軍艦，在墨西哥灣登陸，並圍攻維拉克魯斯港。美軍大砲與海軍炮擊城內數日，使維拉克魯斯嚴重毀損，造成大量平民傷亡，最終墨軍於3月29日投降。

攻向墨西哥城（1847年4月～9月）：

美軍隨後向墨西哥城推進，並於4月18日塞羅戈多戰役中擊潰墨軍，俘虜3,000多人，5月15日占領普埃布拉。8月6日，美軍1萬人兵臨墨西哥城，墨軍則有2萬人防守，展開最後決戰。

墨西哥城之戰（1847年9月）：

墨軍奮勇抵抗，在康特列拉斯與丘魯布希科戰役中，墨軍傷亡7,000人，美軍也損失近千人。9月13日，美軍對墨西哥城發動總攻，在查普爾特佩克山激戰中，墨西哥軍校學生奮戰至最後一人，被譽為「少年英雄」。最終，9月14日清晨，美軍攻入墨西哥城，但隨即遭到墨軍狙擊與市民巷戰攻擊，美軍傷亡860人，最終在市政府停火命令下占領首都。

戰後影響與《瓜達盧佩·伊達爾戈條約》

儘管墨西哥軍民持續展開游擊戰,但墨國政府因內部混亂,被迫與美國談判。1848 年 2 月,雙方簽訂《瓜達盧佩·伊達爾戈條約》,墨西哥割讓超過一半國土(190 萬平方公里),包括今日的加利福尼亞、內華達、科羅拉多、德克薩斯、新墨西哥、亞利桑那等州,美國則支付 1,825 萬美元作為賠償。

美墨戰爭的影響

美國的勝利與擴張

戰爭使美國大幅擴張國土,為後來的工業化奠定基礎。但也加劇了南北之間的奴隸制矛盾,埋下了美國內戰的伏筆。

墨西哥的慘痛代價

墨西哥政府因內部貴族與教權鬥爭不休,未能有效組織抵抗,使國家陷入領土喪失與經濟衰退的困境。

戰爭的歷史評價

美墨戰爭被視為美國的侵略戰爭,美國將領格蘭特(Ulysses S.Grant)甚至承認「這場戰爭是強大民族對弱小民族發動的最不正義的戰爭之一」。然而,戰爭也代表著美國的軍事現代化,成為美國歷史上首次在異國作戰、首次兩棲登陸、首次巷戰與首次建立敵國軍政府的戰爭。

儘管墨西哥最終戰敗，但其人民的抵抗精神仍在歷史上留下了深刻印記，美墨戰爭成為拉丁美洲反抗美國擴張的重要象徵。

52 義大利獨立戰爭：民族統一的奮鬥歷程

戰略分析

《孫子兵法》云：「上兵伐謀，其次伐交，其次伐兵，其下攻城。」義大利獨立戰爭並非單純的軍事對抗，而是一場結合外交、軍事與政治策略的國族統一運動。薩丁尼亞王國利用外交手段拉攏法國與普魯士，先削弱奧地利勢力，再逐步統一義大利。義大利統一戰爭證明了軍事勝利與政治整合缺一不可，薩丁尼亞王國透過精準戰略，從零碎的獨立運動轉變為國家統一戰爭，最終完成民族統一。

義大利的分裂與民族主義的興起

長期分裂與外國勢力干涉

自西羅馬帝國滅亡（476年）後，義大利長期處於分裂狀態。

◆ 16世紀起：義大利各地成為西班牙、奧地利、法國的競爭場域。

- 18 世紀：拿破崙入侵（1796 年）曾短暫統一義大利，但在 1815 年維也納會議後，奧地利重新控制北義大利，並扶植各地小邦國，阻止義大利統一。

民族主義的興起

19 世紀中葉，隨著歐洲「民族自決」思潮的高漲，義大利人民開始追求民族統一與獨立。

- 馬志尼（Giuseppe Mazzini）創立「青年義大利」，鼓吹共和革命，影響年輕一代。
- 加富爾（Camillo di Cavour）則主張透過王國主導的「自上而下」統一。

兩種統一路線形成對比：

- 共和革命派（加里波底、馬志尼）：依靠人民武裝起義，進行革命戰爭。
- 君主立憲派（薩丁尼亞王國）：透過外交與軍事行動，建立統一的君主制國家。

第一次義大利獨立戰爭（1848～1849）── 革命的失敗

歐洲革命風暴與義大利起義

1848 年，歐洲多國爆發革命，義大利各地掀起反抗奧地利統治的戰爭：

52 義大利獨立戰爭:民族統一的奮鬥歷程

- 西西里起義(1848年1月):巴勒摩市民反抗波旁王朝統治,成立短暫的革命政府。
- 米蘭與威尼斯起義(1848年3月):米蘭民眾擊敗奧軍,威尼斯宣布獨立,建立「威尼斯共和國」。
- 薩丁尼亞王國參戰:國王查理・阿爾貝托在民族主義壓力下,對奧地利宣戰,試圖統一北義。

奧地利的反擊與義大利的失敗

- 1848年7月:奧軍重奪米蘭,革命勢力潰敗。
- 1849年2月:羅馬共和國成立,但法軍介入鎮壓,加里波底被迫撤退。
- 1849年8月:威尼斯淪陷,第一次義大利獨立戰爭失敗。

戰略分析:為何失敗?

- 內部不團結:各地革命勢力未能協調,薩丁尼亞王國與共和派存在矛盾。
- 外國干涉:奧地利軍事強大,法國支持教皇國,削弱義大利革命力量。
- 軍事實力不足:義大利革命軍訓練不足,裝備落後,難以與奧軍抗衡。

這場戰爭雖然失敗,但喚醒了義大利人民的民族意識,為未來統一奠定基礎。

第七部分：19世紀的民族獨立與殖民衝突

第二次義大利獨立戰爭（1859～1860）——薩丁尼亞王國的戰略突破

薩丁尼亞王國的外交戰略

薩丁尼亞王國首相加富爾深知單靠軍事無法擊敗奧地利，因此尋求強國支援：

◆ 與法國結盟（1858年）：與拿破崙三世達成《普隆比耶爾密約》，法國承諾在戰爭中支援薩丁尼亞王國。

◆ 製造戰爭藉口：薩丁尼亞王國挑釁奧地利，成功引發戰爭，確保法國出兵。

戰爭過程

◆ 1859年5月：義法聯軍發動進攻，加里波底率領義大利志願軍騷擾奧軍後方。

◆ 1859年6月：馬真塔戰役與索爾費里諾戰役大勝，奧軍撤離倫巴底。

◆ 1860年：加里波底率「千人遠征軍」進軍西西里與南義，推翻拿坡里王國。

◆ 1861年3月：義大利王國正式成立，維托里奧‧艾曼紐二世加冕為國王。

戰略分析：為何成功？

- 外交戰略得當：拉攏法國，削弱奧地利。
- 軍事行動精準：以北方正規戰與南方游擊戰雙線並進。
- 政治整合成功：薩丁尼亞王國接受共和派的努力，使統一更具正當性。

第三次義大利獨立戰爭（1866～1870）──統一大業完成

普義聯盟對抗奧地利（1866年）

- 1866年，普魯士與奧地利爆發普奧戰爭，義大利趁機對奧作戰，爭取威尼斯。
- 雖然在庫斯托扎會戰（1866年6月）戰敗，但普魯士戰勝奧地利，使奧地利被迫將威尼斯讓予義大利。

羅馬戰役與最終統一（1870年）

- 普法戰爭爆發（1870年）：法軍撤出羅馬，義大利軍隊趁機進軍。
- 1870年9月20日：義大利攻占羅馬，教皇庇護九世退守梵蒂岡。
- 1871年：義大利正式統一，羅馬成為首都。

第七部分：19 世紀的民族獨立與殖民衝突

義大利統一的歷史意義

軍事與戰略啟示

- 外交優先，軍事輔助：薩丁尼亞王國利用法國與普魯士的戰略機會，以最小代價達成統一目標。
- 雙線戰爭策略：北義正規戰與南義游擊戰互相配合，加里波底的靈活戰術發揮關鍵作用。
- 國內政治整合：統一後的義大利由君主立憲制主導，為國家穩定奠定基礎。

對歐洲格局的影響

- 奧地利勢力削弱：義大利統一導致奧地利喪失對中歐的控制權。
- 民族國家的興起：義大利成功統一，激勵德國統一，促成 19 世紀歐洲勢力重組。

從分裂到統一的典範

義大利統一戰爭證明了「軍事勝利需配合外交與政治整合」，為歐洲民族國家建立提供典範。這場戰爭不僅改變了義大利的命運，也影響了整個歐洲的政治發展，成為近代國族建構的重要案例。

53 匈牙利民族獨立戰爭：
   爭取獨立與民主的奮鬥

戰略分析

　　匈牙利革命戰爭（1848～1849年）展現了孫子兵法「上下同欲者勝」的戰略原則。科蘇特成功動員國民自衛軍，初期戰局對匈軍有利，展現「兵民是勝利之本」的戰略優勢。此外，匈軍在帕科茨決戰與匈牙利大反攻中，利用機動戰術與防禦戰相結合，以小勝大，符合「以迂為直，以患為利」的作戰原則。然而，在戰略層面上，匈牙利未能形成強大國際聯盟，也未能迅速殲滅奧軍，使戰爭陷入消耗，最終遭遇沙俄干涉，導致失敗。

　　匈牙利的戰爭不僅是對抗奧地利的軍事衝突，更是資本主義與封建專制的較量。儘管戰爭失敗，但卻加速了農奴制的終結，促進了資本主義經濟發展，最終迫使奧地利妥協，建立「奧匈帝國」雙元制。這場戰爭雖未成功建立民族國家，但其影響深遠，印證了「戰爭決定民族命運」的歷史規律，並為歐洲民族獨立運動提供寶貴經驗。

匈牙利在奧地利統治下的處境

　　19世紀中葉，匈牙利仍處於奧地利哈布斯堡王朝的統治之下，政治上從屬於奧地利，經濟發展也在很大程度上受制於奧

地利的主導。文化上,哈布斯堡王朝推行同化政策,使匈牙利本土語言與傳統受到壓縮。在統治階層中,匈牙利人民一方面受限於奧地利的統一政策,另一方面也面臨本地貴族體制的束縛。隨著工商業發展加速,匈牙利社會出現一批希望推動現代化改革的力量,他們主張廢除農奴制度,建立具有自主權的民族國家,以推動經濟與社會制度的轉型。

1848 年,歐洲革命風潮席捲各國,法國二月革命推翻君主制,維也納三月革命爆發,使奧地利政局動盪。匈牙利人民趁勢發起革命,展開爭取獨立的戰爭。

1848 年匈牙利革命的爆發

布達佩斯起義與《十二條》的通過
三月革命影響下的起義

- 1848 年 3 月 15 日,布達佩斯爆發大規模示威,民族詩人裴多菲(Sándor Petőfi)在民族博物館前朗誦《民族之歌》,群眾高呼:「我們宣誓,我們永不做奴隸!」革命迅速蔓延至全國。

革命改革的推動

- 在群眾壓力下,奧皇斐迪南一世被迫允許成立匈牙利責任內閣。3 月 18 日,匈牙利議會通過《十二條》,確立軍事與財政自主,廢除農奴制,確立民族獨立。

53 匈牙利民族獨立戰爭：爭取獨立與民主的奮鬥

然而，奧地利當局不甘心喪失對匈牙利的控制，在鎮壓捷克與義大利革命後，集中兵力對匈牙利發動攻擊，戰爭全面爆發。

匈牙利抗奧戰爭（1848～1849年）

匈軍初期勝利（1848年9月～10月）
自衛軍的奮戰
- 9月，奧軍3.5萬人入侵匈牙利，國防委員會主席科蘇特（Lajos Kossuth）組織國民自衛軍抵抗。9月29日，匈軍在帕科茨決戰中擊潰奧軍，俘虜與殲滅敵軍1萬多人。10月7日，匈軍再度獲勝，直逼奧地利邊境。

維也納十月起義
- 維也納人民為聲援匈牙利革命，於10月6日發動起義，但奧軍在月底鎮壓維也納，轉而集中兵力鎮壓匈牙利。

奧軍反攻與布達佩斯陷落（1848年12月～1849年2月）
奧軍大舉進攻
- 1848年12月，奧軍11萬人從四面八方進攻匈牙利，匈軍僅9萬人，戰略上採取江河與沼澤區防禦。然而，因天寒地凍，匈軍失去地利優勢，迅速敗退。

布達佩斯失守

- 1849 年 1 月 15 日,首都布達佩斯陷落,政府撤至德布勒森,戰局陷入低潮。

匈牙利大反攻與獨立宣言(1849 年 4 月)
匈軍逆轉戰局

- 1849 年 4 月,匈軍展開反攻,接連擊敗奧軍。4 月 14 日,匈牙利議會正式通過《獨立宣言》,廢黜哈布斯堡王朝,宣布匈牙利完全獨立,科蘇特當選國家元首。

佩斯光復

- 5 月下旬,匈軍攻克佩斯,收復首都。然而,未能乘勝追擊奧地利,使奧軍有時間重整兵力。

沙俄干涉與戰爭失敗(1849 年 6 月～8 月)

沙皇俄國的軍事干預

- 匈牙利革命的成功,使奧皇法蘭茲・約瑟夫一世向沙皇求援。沙皇尼古拉一世派 14 萬俄軍入侵匈牙利,加上 10 萬奧軍,總兵力達 24 萬,而匈軍僅 17 萬人,被迫兩線作戰。

53 匈牙利民族獨立戰爭：爭取獨立與民主的奮鬥

戰局惡化與裴多菲之死
◈ 匈軍奮戰不懈，在多場戰役中擊退敵軍，但在 7 月 31 日吉格爾什瓦爾戰役中，貝姆（József Bem）將軍的部隊被擊敗，詩人裴多菲在戰場上英勇犧牲。

內部分裂與高爾蓋投降
◈ 8 月，俄軍與奧軍分頭進攻，匈軍處境艱難。科蘇特命令將領高爾蓋（Artúr Görgey）率軍西進，企圖與其他部隊會合反攻。然而，高爾蓋暗中與俄軍談判，8 月 13 日在維拉哥什無條件投降，匈牙利戰爭正式宣告失敗。

匈牙利革命的殘酷鎮壓
◈ 革命失敗後，科蘇特與貝姆等領袖流亡土耳其。奧地利與沙俄發動報復行動，大肆逮捕與屠殺革命者，匈牙利進入白色恐怖時期。

匈牙利民族獨立戰爭的影響與歷史意義

對奧地利統治的衝擊
這場戰爭沉重打擊了奧地利封建專制統治，便哈布斯堡王朝不得不在後續進行妥協，最終在 1867 年與匈牙利建立「奧匈帝國」的雙元制統治。

推動匈牙利資本主義發展

戰爭雖然失敗,但廢除了農奴制,促進了資本主義的發展,為後來匈牙利的現代化奠定基礎。

歐洲民族獨立運動的典範

匈牙利革命成為歐洲民族獨立運動的重要象徵,激勵了波蘭、義大利等地的民族運動,對歐洲歷史產生深遠影響。

匈牙利的民族奮鬥與歷史啟示

1848～1849年的匈牙利民族獨立戰爭,雖然因國際干涉與內部分裂而最終失敗,但它象徵著民族獨立與自由的奮鬥精神。匈牙利人民在這場戰爭中展現了堅韌不拔的抗爭意志,為後來的民族獨立運動樹立了典範,並在歐洲歷史上留下了不朽的一頁。

第八部分：
帝國主義時代的戰爭與殖民主義的衝突

導讀

戰爭的共同特色

1. 民族主義的崛起與反殖民運動

　　這些戰爭的爆發，無論是克里米亞戰爭、印度民族大起義、法越戰爭、美國內戰，或是義大利－衣索比亞戰爭，均受到民族主義興起的影響。在 19 世紀至 20 世紀初期，民族主義成為各國推動戰爭的重要因素之一，尤其在被殖民地區，人民對外來統治的不滿，促使他們組織起義或戰爭來爭取獨立。例如，印度民族大起義的參與者希望擺脫英國的壓迫，而菲律賓獨立戰爭則是菲律賓人民推翻西班牙殖民統治並抵抗美國的戰爭。

2. 戰爭與社會經濟變革的關聯

這些戰爭的爆發,不僅僅是政治因素所驅動,還與經濟與社會結構變革密不可分。例如,美國內戰的核心爭議在於南北方對於奴隸制度的態度不同,北方工業資本主義希望限制奴隸制,而南方農業經濟則依賴奴隸勞動。同樣地,克里米亞戰爭暴露了俄國農奴制度的腐朽,使其被迫在戰後進行社會改革,導致 1861 年俄國農奴制的廢除。

3. 軍事技術的變革與戰術發展

這些戰爭見證了 19 世紀至 20 世紀初軍事技術的快速變革。例如,克里米亞戰爭期間,火炮、步槍、水雷等技術發展,使得戰場上出現了更高的殺傷力。普法戰爭則顯示了鐵路運輸與電報通訊在戰爭中的關鍵作用。而美國內戰則是歷史上第一次大規模使用鐵甲艦、機關槍、戰場電報與鐵路戰略運輸的戰爭。

4. 殖民地與宗主國的矛盾

許多戰爭,如印度民族大起義、法越戰爭、古巴獨立戰爭、英埃戰爭等,都是殖民地對抗殖民主義的反抗。隨著西方列強在全球擴張,他們在殖民地進行資源開發,並對當地的文化與宗教產生了深遠的影響,常常未能充分尊重當地的傳統與習俗。例如,印度民族大起義的導火線之一是英國士兵強迫印度士兵使用塗有牛油與豬油的子彈,違反了印度教與伊斯蘭教的戒律,最終引發大規模叛亂。

5. 國際政治與勢力平衡的影響

這些戰爭的發展，往往受到國際政治格局的影響。例如，克里米亞戰爭的爆發，是因為歐洲列強（英國、法國）不願讓俄國擴張至黑海地區，而普法戰爭則是因為普魯士希望統一德意志，進而挑戰法國的歐洲霸權地位。此外，美國在菲律賓獨立戰爭中的介入，則是美國希望透過戰爭來擴張其帝國勢力，並鞏固在太平洋的影響力。

戰爭的影響

1. 推動社會與政治改革

許多戰爭促成了社會與政治上的重大變革。例如，美國內戰的勝利，直接導致奴隸制度的廢除，使美國朝向更民主與自由的方向發展。而克里米亞戰爭後，俄國政府進行了農奴制度的改革，以提升國家的現代化能力。同樣地，義大利與衣索比亞的戰爭，雖然義大利未能成功殖民衣索比亞，但這場戰爭極大地鼓舞了非洲其他地區的反殖民運動。

2. 促成民族獨立運動

許多戰爭成為民族獨立運動的催化劑。例如，印度民族大起義雖然最終被鎮壓，但這場起義為日後的印度獨立運動提供了啟示。同樣地，古巴獨立戰爭的爆發，使得古巴最終擺脫西

第八部分：帝國主義時代的戰爭與殖民主義的衝突

班牙統治，而菲律賓獨立戰爭則使菲律賓人民的民族意識大幅提高，為日後爭取獨立奠定了基礎。

3. 重塑國際格局

普法戰爭的勝利，使得德意志統一，改變了歐洲的勢力平衡，使德國成為歐洲強權，而法國的失敗則導致法國社會動盪，進而爆發巴黎公社。克里米亞戰爭的結束，則確立了英法在歐洲的優勢地位，並削弱了俄國在歐洲的影響力。

4. 軍事技術的進一步發展

這些戰爭加速了軍事技術的發展。例如，美國內戰中首次出現的鐵甲艦與戰場電報，使現代戰爭進入新時代。而普法戰爭則進一步證明了鐵路運輸的重要性，促使各國在戰略部署時更加重視交通網絡的建設。此外，克里米亞戰爭中的戰地醫療改革，也促使現代護理制度的誕生，例如佛羅倫斯·南丁格爾對醫療衛生的貢獻。

5. 促進國際合作與外交變革

這些戰爭也影響了國際外交政策。例如，克里米亞戰爭後，歐洲列強開始認識到國際同盟的重要性，導致未來的國際協議增加。而美國內戰後，美國逐步走向全球化，並積極參與國際事務，如美西戰爭後，美國擴張至太平洋，進一步影響亞洲地區的政治發展。

不僅是勝負的較量：
19～20世紀初戰爭與全球歷史轉折

從克里米亞戰爭到菲律賓獨立戰爭，這些戰爭反映了 19 世紀至 20 世紀初的全球變遷，包括民族主義的興起、社會與經濟變革、軍事技術的發展，以及國際政治格局的轉變。這些戰爭的共同點在於它們不僅僅是軍事衝突，而是深刻影響了國家與社會的發展進程。它們塑造了現代世界的面貌，並為後世提供了許多值得借鑑的歷史經驗。在這些戰爭中，無論是戰勝者或戰敗者，都深刻體會到，戰爭不僅僅是勝負的較量，更是影響歷史走向的關鍵因素。

54 克里米亞戰爭的歷史背景與影響

鄂圖曼帝國的衰落與列強爭奪

曾經稱霸歐洲的鄂圖曼帝國，至 19 世紀上半葉已逐漸走向衰落，中央政權日益削弱，所統治的地區紛紛陷入動盪，甚至名存實亡。這一狀況為覬覦其領土的歐洲列強提供了絕佳的機會，其中，君士坦丁堡與博斯普魯斯海峽、達達尼爾海峽成為最受關注的戰略要地。這些水域是連接黑海與地中海的關鍵通道，也是聯結歐、亞、非三大洲的重要橋樑，對於各國的海上

貿易與軍事擴張具有極高的價值。

俄國沙皇亞歷山大一世曾形容這些地區為「我們房屋的鑰匙」，顯示其對這些戰略要地的野心。卡爾‧馬克思在討論戰爭問題時指出，俄國作為龐大的帝國，卻僅有一個出口通向海洋，而這個出口還受到嚴重的季節性影響，並易遭英國封鎖。因此，沙皇政府急於尋找一條通往地中海的穩定通道。

克里米亞戰爭的爆發

為了奪取黑海的出海口，並轉移國內因農奴制度引發的社會不滿，俄國沙皇尼古拉一世於 1853 年 10 月向鄂圖曼帝國宣戰，拉開了克里米亞戰爭的序幕。英國與法國為了維護自身在土耳其的影響力，也加入戰爭，形成俄國與英、法、土耳其以及薩丁尼亞王國的對抗格局。

1853 年 2 月，俄國派遣特使緬施科夫海軍上將至伊斯坦堡，要求土耳其政府承認俄國對鄂圖曼帝國境內東正教徒的保護權。然而，土耳其依仗英法的支持，拒絕俄國的最後通牒，並允許英法聯合艦隊進入達達尼爾海峽。此舉導致俄國與土耳其的關係決裂，俄國隨即進軍摩爾達維亞與瓦拉幾亞，土耳其則於 1853 年 10 月正式對俄國宣戰。

主要戰役與軍事發展

錫諾普海戰與戰局發展

戰爭初期,俄國黑海艦隊展現出強大實力,封鎖土耳其各港口,並在1853年11月30日的錫諾普海戰中殲滅土耳其艦隊,俘虜其指揮官鄂圖曼‧帕夏。這場勝利雖提升了俄國的戰略地位,卻也促使英法迅速參戰。1854年1月,英法聯合艦隊駛入黑海,正式介入戰爭。俄國隨後於1854年2月對英、法宣戰。

克里米亞半島戰役與塞瓦斯托波爾圍城戰

1854年9月,聯軍在克里米亞半島展開登陸作戰,於阿利馬河擊敗俄軍,迫使俄軍退守塞瓦斯托波爾。為攻克這座俄國的軍事重鎮,英法聯軍圍攻該城長達349天。俄軍雖然頑強防守,但最終於1855年9月8日失守,撤退至塞瓦斯托波爾北岸,並沉沒所有艦船,以防資源落入敵手。

戰爭的結束與影響

1856年3月30日,俄國在巴黎簽訂和約,被迫接受苛刻條件,包括黑海非軍事化、波羅的海奧蘭群島不得設防,以及將摩爾達維亞部分領土割讓給鄂圖曼帝國。這場戰爭對俄國造成嚴重損失,共計52萬人傷亡,土耳其損失40萬人,法國9.5萬人,英國2.2萬人。經濟方面,俄國投入約8億盧布,而同盟國則花費約6億盧布。

第八部分：帝國主義時代的戰爭與殖民主義的衝突

克里米亞戰爭的歷史意義

這場戰爭揭示了俄國農奴制度的腐敗與落後，使沙皇專制政權威信掃地，間接促成了1859至1861年間的社會變革，加速農奴制度的瓦解。此外，克里米亞戰爭對軍事技術的發展影響深遠。火炮、步槍與水雷技術獲得突破，各國迅速改採線膛槍與裝甲蒸汽艦隊，取代舊式滑膛槍與風帆戰艦。戰術層面上，傳統的密集縱隊進攻模式逐漸被散兵線戰術取代，火力準備的重要性大幅提升，預示了未來戰爭的演變方向。

此外，克里米亞戰爭也帶動了戰場醫療的革新。英國護士佛羅倫斯·南丁格爾（Florence Nightingale）前往前線救治傷患，大幅降低傷兵死亡率，促成現代護理制度的建立，並奠定了軍事醫療體系的基礎。

克里米亞戰爭的啟示

克里米亞戰爭不僅是一場歐洲列強爭奪鄂圖曼帝國「遺產」的衝突，也是一場促使軍事、政治與醫療改革的關鍵戰爭。戰爭暴露了俄國專制體系的缺陷，加速社會變革，也促使各國對軍事裝備與戰術進行現代化改造。更重要的是，這場戰爭代表著國際政治格局的轉變，為日後歐洲的權力平衡埋下伏筆。

55 印度民族大起義：
反殖民獨立運動的歷史轉捩點

戰略分析

1857～1859年的印度民族大起義展現了孫子兵法「上下同欲者勝」的原則。起義軍最初勢如破竹，迅速奪取德里、勒克瑙與坎普爾，表現出強烈的民族意識與統一戰線。然而，缺乏明確的戰略目標與統一指揮，導致起義軍各自為戰，無法形成有效合力。孫子兵法強調「知彼知己，百戰不殆」，但印度起義軍在戰術與軍備上均落後英軍，使得最終無法與現代化武裝的英軍抗衡。

英國以武力鎮壓印度起義，並在戰後實施更嚴密的殖民統治，廢除東印度公司，將印度納入英國直接管轄。然而，這場戰爭也顯示了殖民體制的脆弱性，使英國不得不進行治理改革，進一步促成印度資本主義的發展。雖然起義失敗，但它開啟了印度民族獨立運動的新階段，奠定了日後甘地、尼赫魯等領導的民族獨立戰爭的基礎，印證了「戰爭決定國家命運」的歷史規律。

英國殖民統治與印度社會矛盾的加劇

19世紀上半葉，英國為促進本國工業資本主義發展，在印度加強殖民與壓迫。這種掠奪不僅對印度社會底層——農民與

第八部分：帝國主義時代的戰爭與殖民主義的衝突

手工業者——造成嚴重影響，也損害了部分封建王公的利益，使印度社會對英國殖民者的不滿日益加深。印度民間反抗英國統治的情緒在全國各地醞釀，終於在1857年爆發了大規模的民族起義。

英印軍隊中的印度土著僱傭兵（Sepoys）成為這場起義的核心力量。這些士兵多數來自破產農民與手工業者，因生計所迫而加入英軍。然而，英國殖民者為加強控制，不僅干涉他們的宗教信仰、削減薪資，甚至觸犯其種姓制度，導致廣大士兵的不滿累積到臨界點。他們屢次爆發武裝反抗，最終成為印度人民反抗殖民統治的主力軍。

起義的導火線：塗油子彈事件

1857年初，英國殖民當局將牛油與豬油作為潤滑劑塗在子彈上，這對於信仰印度教與伊斯蘭教的士兵而言，是嚴重的宗教冒犯，引發大規模的抗議與不滿。3月29日，第三十四團的一名士兵在絕望與憤怒中開槍射殺三名英國軍官，最終被處絞刑。這起事件加速了印度民族大起義的爆發。

5月10日，駐紮在德里附近米魯特（Meerut）的印度士兵率先起事，迅速點燃了印度民族獨立戰爭的烈火。他們放棄宗教偏見，使用過去拒絕的塗油子彈反擊英殖民者，焚燒軍營、襲擊殖民設施、釋放囚犯，並於當晚進軍德里。德里市民紛紛響應，摧毀殖民機構，並推翻英國統治，成立起義政權。許多對

55 印度民族大起義：反殖民獨立運動的歷史轉捩點

英國不滿的封建貴族與僧侶也加入起義行列，形成一條初步的反英戰線。

英國殖民政府迅速調兵圍攻德里，但在起義軍的頑強抵抗下，英軍屢戰屢敗。這場起義迅速蔓延至北印度、中印度與南印度，形成遍及全國的反殖民戰爭。

主要戰役與起義擴展

德里戰役與全國範圍的起義

德里戰役的勝利極大鼓舞了全國反英運動。在北方的奧德省，勒克瑙（Lucknow）與坎普爾（Kanpur）地區的起義軍全面擊潰英軍，占領全境。中印度的詹西（Jhansi）起義軍由著名的詹西女王（Rani Lakshmibai）率領，她成功奪回詹西，並恢復其王位。南印度的海德拉巴與孟買地區也紛紛響應起義，取得多場戰役的勝利。

英軍反攻與德里失守

然而，隨著戰爭的持續，英軍迅速調動更多兵力，並且運用優勢武器發起反攻。9月14日，英軍在猛烈炮火的支援下向德里發起總攻。起義軍奮戰六日，擊斃敵軍五千餘人，但最終因內部出現叛變與物資短缺，被迫撤退。9月19日，德里陷落，起義勢力的中心轉移至勒克瑙。

第八部分:帝國主義時代的戰爭與殖民主義的衝突

勒克瑙、詹西與瓜廖爾的激戰

1858 年初,勒克瑙成為起義軍的主要據點,集結約 20 萬士兵,但裝備遠遜於英軍。3 月初,英軍動員 9 萬精銳部隊與 180 多門大炮進攻,起義軍英勇抗擊兩週,最終於 3 月 21 日撤離勒克瑙。隨後,詹西成為新的戰略要地。詹西王后親自上陣指揮,率領軍隊抵抗英軍。然而,由於內奸出賣,4 月 4 日英軍突破城防,王后帶領士兵展開白刃戰,終於突圍撤退。6 月 1 日,起義軍解放瓜廖爾(Gwalior),建立臨時政權。英國震驚之餘,緊急調兵反攻。6 月 17 日,詹西王后在戰場上英勇犧牲,象徵起義進入最後的激戰階段。

起義的失敗與影響

1859 年底,起義軍逐步轉入游擊戰,但由於內部分裂與缺乏統一領導,各地游擊隊無法協同作戰,最終被英軍各個擊破。隨著封建貴族的叛變與領袖相繼犧牲,印度民族大起義最終被鎮壓。

然而,這場大起義雖然未能成功推翻英國統治,卻對印度民族獨立運動產生深遠影響。這是一次民族性質的起義,而非單純的兵變或封建王公的叛亂。起義的意義包括:

削弱英國殖民統治

英國在鎮壓起義過程中耗費超過 4,000 萬英鎊,大批英軍傷亡,徹底粉碎了英軍「不可戰勝」的神話,並導致印度殖民統治政策的重大改變。

55 印度民族大起義：反殖民獨立運動的歷史轉捩點

促成英國殖民政策改革

起義之後，英國政府解散東印度公司，改由英國王室直接接管印度的統治，並對部分地方封建統治者採取懷柔政策以穩定局勢。同時，英國積極推動鐵路、電報等基礎設施的建設，進一步促進印度地區的商業發展與區域聯繫。這些變化在一定程度上推動了印度社會經濟的轉型，促成城市工商階層的興起，並為日後要求政治改革與民族自主的運動奠定了基礎。

象徵印度民族運動的新階段

這場大起義成為印度民族運動的重要轉捩點。在此之前，反英行動多由地方封建勢力或傳統領主主導；而此後，隨著社會與經濟的變化，新興的城市知識分子與工商階層逐漸參與政治，成為民族運動的重要推動力量，並促使印度獨立運動邁向更具組織性與現代化的方向。

印度獨立運動的歷史里程碑

印度民族人起義儘管未能成功推翻英國殖民統治，卻在印度近代史與亞洲反殖民運動中占有重要地位。這場戰爭展現了印度人民爭取獨立的決心，並對後續的民族獨立運動產生深遠影響。最終，這場起義成為印度民族主義興起的開端，為 20 世紀的印度獨立運動奠定基礎，象徵著印度人民不屈不撓的抗爭精神。

第八部分：帝國主義時代的戰爭與殖民主義的衝突

56 法越戰爭：
法國殖民擴張與越南抗爭的序幕

戰略分析

法越戰爭展現了孫子兵法中「攻其不備，出其不意」的原則。法國透過傳教士、商人與外交手段滲透越南，在內部腐敗與軍備落後的情況下，法軍以精銳部隊快速奪取關鍵據點，使越南無法組織有效防禦。此外，法國採取「分而治之」策略，先奪南圻，再進攻北圻，最終將越南納入殖民體系，符合孫子兵法「以迂為直」的戰略思維。

法國的侵略並非純粹的軍事行動，而是政治與經濟利益的展現。相對而言，越南的戰略錯誤顯而易見──阮朝缺乏統一的軍事領導，採取被動防禦策略，導致在戰爭初期失去主動權，最終遭到分階段蠶食。

法越戰爭的失敗反映了克勞塞維茲所強調的「民族動員」與「戰爭意志」的重要性。儘管越南人民進行頑強抵抗，如黑旗軍與游擊戰術，但缺乏全國性戰略統一，導致無法形成有效的持久戰。這也為後續的越南民族獨立運動提供了重要經驗，並最終促成 20 世紀的抗法、抗美戰爭，實現民族獨立。

56 法越戰爭：法國殖民擴張與越南抗爭的序幕

法國殖民擴張的背景與越南局勢

19世紀中葉，法蘭西第二帝國處於擴張高峰期，拿破崙三世積極尋找新的殖民地，以開拓市場並擴大勢力範圍。印度支那地區的越南、寮國與柬埔寨蘊藏豐富資源，並在亞洲南部擁有重要的戰略地位，使其成為法國殖民政策的重要目標。法國試圖以越南為跳板，向中國西南地區擴張，確保在遠東的利益，並阻止英國的勢力進一步向東亞延伸。

法國自17世紀開始便透過傳教士、商人等方式滲透越南，並逐步介入當地政局。19世紀初，法國以武力威脅越南，並多次派遣使節談判，試圖獲取商貿與政治上的優勢。1847年，法國藉口傳教士問題，派遣軍艦攻擊峴港，擊沉越南戰船，為日後入侵埋下伏筆。1857年，法國政府正式決議侵略越南，開啟了法越戰爭的序幕。

第一次法越戰爭（1858～1862）：侵占南方，奠定殖民基礎

1858年6月27日，法國海軍上將戈·德熱努伊率領法國與西班牙聯軍約3,000人，搭載14艘戰艦，攻擊越南不設防的土倫港（即峴港），正式拉開戰爭序幕。法軍攻占峴港後，並未立即進軍越南首都順化，而是在1859年南下占領越南南方的經濟重鎮西貢（今胡志明市），藉此控制當地資源與貿易命脈。

1860 年，由於法國投入侵華戰爭，越南戰場的法軍兵力縮減至千人。然而，越南軍隊並未利用這一機會反攻，導致戰局未能扭轉。1861 年，法軍自中國調回大批兵力，發動新一輪攻勢，陸續攻陷嘉定、定祥、邊和、永隆等南部地區，越南正規軍無法抵擋殖民軍的進攻。儘管如此，被占領地區的越南民間游擊隊仍積極襲擊法軍補給線，造成法軍極大困擾。

1862 年，面對內部的農民起義與法軍持續進逼，越南政府決定求和，於 6 月 5 日簽訂《西貢條約》，割讓嘉定、定祥、邊和三省及崑崙島給法國，並開放通商權限，允許基督教在越南自由傳教。這代表著越南南部正式成為法國的殖民地。

第二次法越戰爭（1873 ～ 1874）：北方危機與紅河控制權之爭

在掌控越南南方後，法國進一步推進其擴張計畫，將目標轉向越南北方，試圖開闢通往中國西南的通道。1873 年，法國商人讓・杜布依藉口紅河貿易紛爭，製造衝突，為法軍入侵北越提供藉口。隨後，法軍將領加尼爾率領部隊攻占河內，並迅速控制紅河三角洲的大部分戰略據點。

然而，法軍的擴張遭到越南軍民的強烈抵抗，尤其是由劉永福率領的黑旗軍（中國起義軍），他們應越南政府邀請，在 1873 年底於河內近郊擊斃法軍首領加尼爾，使法軍攻勢受挫。

這一勝利雖然未能阻止法國擴張，但迫使法國暫時接受談判。1874 年 3 月 15 日，雙方簽訂《第二次西貢條約》，越南承認法國對交趾支那（南圻六省）的控制，並允許法國以紅河為貿易通道，這進一步削弱了越南的主權。

第三次法越戰爭（1883～1884）：全面殖民化與越南淪陷

1882 年，法國在越南的殖民擴張野心進一步膨脹。法軍以 600 人規模，在艦隊支援下攻占河內，並陸續控制紅河三角洲與北方煤礦資源。1883 年 5 月 19 日，黑旗軍再次配合越南軍民，在紙橋戰役伏擊法軍，擊斃法軍指揮官李威利，迫使法軍暫時收縮。

然而，法軍以此為藉口，再次對越南發動全面戰爭。8 月，法軍 4,000 人登陸越南北部，並分兵兩路進攻，部分部隊直取順化，另一部分則進攻黑旗軍。儘管黑旗軍與越南軍民頑強抵抗，但法軍憑藉精良裝備最終於 8 月 25 日攻破順化。當時的越南統治集團內部發生嚴重權力鬥爭，順化政權無力組織有效抵抗，最終與法國簽訂《順化條約》，正式淪為法國的「保護國」。

1884 年 6 月 6 日，法越雙方簽訂最終的保護條約，越南南圻正式成為法國殖民地，中圻名義上保留王權，但實際由法國統治，北圻則設立法國官員管理機構，完成對越南的全面控制。

第八部分：帝國主義時代的戰爭與殖民主義的衝突

法越戰爭的影響與啟示

法國透過三次戰爭，最終將越南納入其殖民體系，並進一步擴展至寮國與柬埔寨，形成整個「法屬印度支那」。這場戰爭代表著法國對東亞殖民擴張的成功，也使越南人民陷入長達 80 年的殖民統治。然而，法國對越南的入侵並非輕而易舉，其過程中面臨激烈的民族抵抗，並促使越南形成強烈的民族主義意識，為後續的抗法運動埋下種子。

1. 法國的殖民策略與擴張模式

法國在侵略過程中，採取了一系列有計畫的策略，包括：

- 滲透與製造藉口：利用傳教士、商人等手段滲透，尋找入侵藉口。
- 逐步蠶食：以「從南向北」的方式，分階段侵占越南領土。
- 殖民代理人制度：透過培養當地親法勢力與建立傀儡政權，達到控制目的。

2. 越南的失敗與內部矛盾

越南在戰爭中屢次失敗的關鍵原因在於：

- 統治集團腐敗無能：阮朝政府內部派系鬥爭嚴重，投降派占上風，缺乏有效的抗戰政策。
- 缺乏民族團結：未能動員全國力量進行組織化抵抗，抵禦殖民入侵。

- ◆ 軍事策略落後：過於依賴守勢防禦，未能在法軍薄弱時發動反擊，導致失去戰略機會。

法越戰爭的歷史意義

　　法越戰爭是 19 世紀資本主義列強爭奪殖民地的一部分，也是越南近代史上最關鍵的轉捩點。這場戰爭讓越南人民意識到殖民統治的殘酷性，並激發了後續的民族獨立運動。正如胡志明所言：「沒有什麼比獨立、自由更可貴的了。」這場戰爭雖然使越南淪為殖民地，但也為未來的抗法戰爭與獨立運動埋下了堅實的種子。

57 美國內戰：自由與奴隸制度的對決

戰略分析

　　《孫子兵法》云：「知彼知己，百戰不殆。」美國內戰是一場南北雙方在軍事、政治與經濟領域的綜合較量。北方雖擁有壓倒性資源優勢，但初期缺乏戰略決心，導致戰事陷入僵局。南方則企圖速戰速決，卻忽視了持久戰的必要性。林肯的《解放宣言》正是政治戰略的典範，它不僅改變了戰爭性質，更動搖了南方的經濟與社會基礎，使內戰轉向北方的全面勝利。

第八部分：帝國主義時代的戰爭與殖民主義的衝突

南北矛盾與戰爭爆發

南北方社會經濟結構的對立

美國內戰的根源，在於南北方兩種截然不同的經濟模式：

- 北方：工業化迅速發展，強調自由勞工制度，經濟以製造業與基礎建設為主。
- 南方：依賴種植園經濟，奴隸制度為社會與經濟的核心，生產棉花、菸草等出口貿易商品。

隨著美國西部擴張，雙方在新領土的奴隸制度問題上產生激烈衝突：

- 北方主張　限制奴隸制度擴張，維護自由勞工市場。
- 南方要求　將奴隸制度推廣至西部，以確保自身經濟模式存續。

林肯當選與南方分裂

- 1854 年：北方廢奴派成立共和黨，強調限制奴隸制。
- 1860 年：林肯當選總統，使南方感受到奴隸制度存亡的危機。
- 1861 年 2 月：7 個南方州脫離聯邦，成立「美利堅邦聯」，首都設於里奇蒙。
- 1861 年 4 月 12 日：南方軍隊炮轟薩姆特要塞，正式引爆內戰。

57 美國內戰：自由與奴隸制度的對決

戰爭的初期階段（1861～1862）

雙方戰略布局

- 南方策略：「速戰速決」，希望迅速擊敗北軍，迫使聯邦政府談判，承認邦聯獨立。
- 北方策略：「大蛇計畫」：

(1) 封鎖南方港口，切斷南軍對外貿易。

(2) 控制密西西比河，將南方分割。

(3) 全面進攻南軍首都里奇蒙，徹底擊潰敵人。

關鍵戰役

馬那薩斯會戰（1861年7月）

- 北軍3.5萬人進攻南方首都里奇蒙，結果遭「石牆」傑克森率軍擊潰，北軍潰敗，損失3,000人。
- 戰略意義：南方初期戰術靈活，擊敗北軍，提振士氣。

半島戰役與七日會戰（1862年6～7月）

- 北軍10萬人圍攻里奇蒙，南軍羅伯特・李反擊，迫使北軍撤退。
- 戰略意義：南軍防禦成功，北方進攻戰略受挫。

第二次馬那薩斯會戰（1862 年 8 月）

- 李將軍誘敵深入，北軍 8 萬人陷入南軍包圍，損失 1.4 萬人，華盛頓面臨威脅。
- 戰略意義：南軍戰術成功，北方進一步陷入被動。

北方反攻與戰局逆轉（1862 ～ 1865）

戰爭性質的改變：《解放宣言》（1862 年 9 月）

林肯了解到，若不打擊南方的社會與經濟基礎，內戰將陷入僵局。因此，他發表《解放宣言》：

- 宣布 1863 年 1 月 1 日起，解放所有奴隸，改變戰爭性質。
- 鼓勵黑人參軍，23 萬黑人士兵加入北軍。
- 削弱南方經濟，奴隸逃亡，南方種植園經濟崩潰。

關鍵戰役

葛底斯堡戰役（1863 年 7 月）

- 李將軍率 8 萬人進攻賓夕法尼亞州，北軍 11 萬人迎戰。
- 戰略意義：南軍損失 2.8 萬人，北軍取得決定性勝利，戰爭進入北方反攻階段。

維克斯堡戰役（1863 年 7 月）

- 北軍格蘭特將軍圍攻密西西比河要塞，最終迫使南軍 3.7 萬人投降。

- 戰略意義：北軍控制密西西比河，南方被徹底分割。

向海洋進軍（1864 年 11～12 月）
- 謝爾曼將軍率 6.2 萬人從亞特蘭大進軍，實施「焦土戰略」，焚毀城鎮、鐵路、農田。
- 戰略意義：南方經濟完全崩潰，戰爭無法持續。

彼得斯堡與里奇蒙陷落（1865 年 4 月）
- 北軍圍攻南方首都里奇蒙，李將軍敗退，4 月 9 日向格蘭特投降。
- 戰爭正式結束。

美國內戰的影響與歷史意義

1. 廢除奴隸制度
- 1865 年：美國憲法第十三修正案通過，正式廢除奴隸制度。
- 象徵著美國向民主與平等邁進，對全球廢奴運動產生影響。

2. 聯邦政府權威的確立
- 內戰確立了美國聯邦政府的主導地位，防止州權分裂。
- 美國從一個「聯邦國家」轉變為一個「強勢中央集權國家」。

3. 經濟與工業發展

- 內戰推動工業革命，加速鐵路建設、機械化農業與製造業發展。
- 1865 年後，美國成為世界工業強國，逐漸崛起為全球經濟中心。

4. 軍事技術革新

內戰被稱為「第一次現代戰爭」：

- 鐵甲艦 取代木製戰艦。
- 鐵路運輸 用於戰略調動。
- 機關槍與高空偵察氣球 開創新戰術模式。

美國內戰的全球歷史意義

確立了美國作為民主國家的典範

- 內戰後，美國成為「自由與民主」的象徵。
- 廢奴制度影響全球，使西方國家加速廢奴。

改變國際勢力平衡

- 美國工業迅速崛起，成為世界強國。
- 內戰後，美國對全球事務的影響力上升，最終在 20 世紀成為超級大國。

美國內戰不僅決定了美國的未來，也影響了全球政治發展。它不僅是一場國內戰爭，更是一場全球歷史性的變革，確立了美國的現代國家制度，並為美國的崛起奠定基礎。

58 普奧戰爭：德意志統一的關鍵戰役

戰略分析

《孫子兵法》云：「善戰者，先為不可勝，以待敵之可勝。」普奧戰爭的成功關鍵，在於俾斯麥與普魯士軍事領導階層的縝密戰略規劃。普魯士透過外交孤立奧地利、軍事改革與快速決戰策略，成功排除奧地利，為德意志統一奠定基礎。俾斯麥的戰爭不僅是軍事行動，更是一場政治鬥爭，確立普魯士在德意志的霸主地位。

德意志霸權之爭與戰爭爆發

神聖羅馬帝國的解體與德意志統一的困境

- 1806 年：拿破崙戰爭導致神聖羅馬帝國解體，但德意志地區仍由奧地利影響，形成德意志邦聯（1815 年）。
- 奧地利 vs. 普魯士：兩大強權爭奪德意志統一的領導權。

- 大德意志派（奧地利）vs. 小德意志派（普魯士）：統一應由奧地利主導，還是由普魯士領導？

俾斯麥的「鐵血政策」

- 1862 年：俾斯麥任普魯士首相，主張透過軍事力量解決德意志統一問題：

    「德意志統一不是靠演說和決議，而是靠鐵與血。」

- 普魯士軍事改革：

    (1) 提升軍隊規模，改進武器裝備（後膛步槍提高射速）。

    (2) 鐵路運輸　使部隊快速調動，提高戰略機動性。

    (3) 電報指揮　確保戰場協調，提高作戰效率。

普奧戰爭的進程

參戰陣營

- 普魯士陣營：普魯士、義大利王國、部分北德邦國。
- 奧地利陣營：奧地利、巴伐利亞、薩克森、漢諾威等南德邦國。

三大戰場

波希米亞戰場（決定性戰場）

柯尼希格雷茨戰役（1866 年 7 月 3 日）：

- 普軍 29 萬 vs. 奧軍 23.8 萬。

- 普軍「南北夾擊」戰術：
  (1) 北方軍　迅速進攻，牽制奧軍。
  (2) 南方軍　包抄奧軍側翼，形成包圍。
- 戰果：奧軍潰敗，撤退至維也納。

德意志戰場

6月29日：普軍進攻南德邦國，擊敗漢諾威、薩克森，控制法蘭克福地區。

義大利戰場

庫斯托扎戰役（1866年6月24日）：

- 奧軍擊敗義大利軍，義軍進展不如預期。
- 普軍勝利仍迫使奧地利割讓威尼斯。

戰爭結束：《布拉格和約》

1866年8月23日：奧地利與普魯士簽訂《布拉格和約》：

- 奧地利退出德意志聯邦，不再干涉德意志事務。
- 普魯士建立北德意志聯邦（1867年），為統一鋪路。
- 奧地利割讓威尼斯給義大利，促進義大利統一進程。

第八部分：帝國主義時代的戰爭與殖民主義的衝突

戰爭影響與歐洲格局變化

1. 普魯士崛起，德意志統一進程加速

- 普奧戰爭確立普魯士霸主地位，為 1871 年統一德意志奠定基礎。
- 奧地利徹底退出德意志統一進程，不再具有競爭優勢。

2. 奧地利的轉變：轉向東歐

- 1867 年，奧地利與匈牙利妥協，成立奧匈帝國。
- 轉向巴爾幹半島擴張，影響 20 世紀的歐洲政治局勢。

3. 義大利統一進展

- 義大利獲得威尼斯，加快統一進程。
- 1870 年普法戰爭爆發，法軍撤出羅馬，義大利統一完成。

4. 戰爭對歐洲均勢的影響

- 普魯士挑戰法國，導致普法戰爭（1870～1871）。
- 德國統一後成為歐洲強權，改變歐洲權力平衡。

普奧戰爭的戰略與歷史意義

1. 俾斯麥的戰略成功

- 外交孤立奧地利：確保法國與俄國中立，讓奧地利孤立無援。

58 普奧戰爭：德意志統一的關鍵戰役

- 快速決戰策略：普軍利用鐵路與電報，迅速部署軍隊，短時間內擊敗奧地利。
- 聯合義大利：義大利戰場雖失敗，但成功分散奧地利兵力，戰略仍然有效。

2. 現代戰爭模式的發展

- 鐵路運輸　用於軍隊快速部署，提升機動性。
- 電報指揮系統　使戰場協調更加有效。
- 後膛步槍的優勢　提高普軍的射擊速度與準確度。

3. 普奧戰爭的全球歷史影響

德意志統一的關鍵戰爭：

- 確立普魯士領導權，消除奧地利干預，為 1871 年德意志統一鋪路。

歐洲勢力平衡改變：

- 奧地利轉向東歐與巴爾幹，影響 20 世紀巴爾幹戰爭。
- 普魯士崛起，引發普法戰爭，最終統一德國。

促進義大利統一：

- 使義大利獲得威尼斯，接近完全統一。

第八部分：帝國主義時代的戰爭與殖民主義的衝突

德國統一的關鍵戰役

普奧戰爭是德意志統一進程的轉折點，確立了普魯士的領導地位，使德國統一成為可能。俾斯麥透過縝密的戰略規畫、軍事優勢與外交手段，成功擊敗奧地利，排除統一的主要障礙。這場戰爭不僅改變了德國的歷史，也改變了歐洲的政治格局，為歐洲進入德國主導的時代奠定基礎。普奧戰爭的勝利，象徵著普魯士的崛起，德意志統一的即將完成，並為歐洲 20 世紀的動盪埋下伏筆。

59 奧義戰爭（1866 年）與義大利統一進程

戰略分析

孫子兵法強調「知彼知己，百戰不殆」，但義大利軍隊在奧義戰爭中明顯缺乏對奧軍的情報與戰術準備。庫斯托扎戰役的敗北暴露了義大利軍事組織的混亂與指揮體系的不穩定，未能有效統一戰線，使戰場上的兵力優勢未能轉化為戰果。此外，在利薩海戰中，義大利海軍雖擁有艦艇數量優勢，但缺乏嚴密的戰術計畫與靈活應變能力，導致戰場指揮失誤，被奧軍運用「以寡擊眾」的戰術成功擊潰。這違背了孫子的「兵者，詭道也」，義軍未能在敵軍意想不到的時間與方式發動戰術突襲，反

59 奧義戰爭（1866 年）與義大利統一進程

而陷入被動局面。

奧義戰爭的結果並非單純由戰場決定，而是受到更廣泛的歐洲權力平衡影響。儘管義大利軍事上並未取得決定性勝利，但普魯士在柯尼希格雷茨戰役擊敗奧地利，使奧軍不得不撤回主力保衛維也納，導致義大利最終仍能透過外交手段獲取威尼托。義大利的戰略核心並非全滅奧軍，而是透過戰爭與聯盟外交實現領土統一的政治目標。

奧義戰爭的結果顯示，戰場上的失敗不一定導致戰略目標的失敗。義大利雖然在庫斯托扎與利薩戰役中敗北，但最終仍因普魯士的勝利達成政治目的，這驗證了孫子「不戰而屈人之兵」的最高戰略思想。此戰不僅鞏固了義大利的統一進程，也突顯了普魯士崛起對歐洲勢力格局的影響，為 1870 年的普法戰爭與義大利完全統一奠定基礎。

戰爭背景

1866 年 6 月 17 日至 8 月 10 日，奧義戰爭爆發，這是義大利為了從奧地利的統治下解放並完成國家統一而發動的戰爭。

1859 年的奧義法戰爭與隨後的義大利民族運動，使義大利大部分地區成功統一。1861 年 3 月，義大利王國正式成立，薩丁尼亞王國國王維克多·伊曼紐二世成為統一後的義大利國王。然而，羅馬與威尼托地區仍由外國勢力控制，其中威尼托

第八部分：帝國主義時代的戰爭與殖民主義的衝突

仍屬奧地利。

為了實現完全統一，維克多·伊曼紐二世於 1861 年 4 月與普魯士結盟，目標是共同對抗奧地利。普魯士除了提供 1.2 億馬克的資金援助外，也承諾協助義大利收復威尼托。

戰爭進程

1866 年 6 月 17 日，普魯士與奧地利之間爆發戰爭（即普奧戰爭）。6 月 20 日，義大利王國正式對奧地利宣戰，奧義戰爭由此展開。

義大利軍隊由國王名義上統帥，但實際上由總參謀長阿方索·拉馬爾莫拉將軍指揮。義軍在明喬河一線集結約 10 萬人，並於 6 月 23 日發動進攻，預備部隊 3 萬人駐紮在曼圖亞。同時，恰利季尼將軍率領約 9 萬人從波隆那與費拉拉推進，企圖從側翼包抄奧軍。

奧地利方面，為了應對兩條戰線的壓力，於義大利戰場組建了一支由阿爾布雷希特大公指揮的 7.8 萬人南線軍隊。6 月 24 日，奧軍在維羅納東南展開攻勢，在庫斯托扎地區與義軍交戰，並成功擊敗拉馬爾莫拉的部隊。義大利軍隊損失 1 萬餘人，被迫撤退至克雷莫納。

恰利季尼將軍原計劃利用庫斯托扎戰役的戰果擴大戰線，但得知主力已敗後，選擇撤退，未能發展戰果。然而，由於奧

59 奧義戰爭（1866年）與義大利統一進程

地利在普魯士戰場接連失利，尤其是在7月3日柯尼希格雷茨戰役大敗，使其不得不將兵力調回維也納防禦，這給了義大利在威尼托與南提洛發動反攻的機會。加里波底所率部隊在此期間表現出色，成功解放南提洛地區，但最終因維克多·伊曼紐二世的命令而撤退，導致該地區再次落入奧地利之手。

利薩海戰

7月20日，義大利海軍在亞得里亞海的利薩島附近遭遇奧地利艦隊，爆發利薩海戰。這場戰役是歷史上首場以蒸汽裝甲艦為主力的大型海戰。

義大利海軍由佩爾薩諾海軍上將率領，擁有11艘裝甲艦、5艘巡航艦、3艘砲艦，計畫透過登陸奪取奧地利控制的利薩島。然而，由於戰術準備不足，情報掌握不全，加上指揮失誤，進攻受挫。

7月20日，奧地利海軍少將威廉·馮·特格特霍夫率領7艘裝甲艦、7艘砲艦等組成艦隊，突然對義大利海軍發動攻擊。雙方進行了猛烈的炮戰，但未能決定勝負。戰局的關鍵時刻，奧軍旗艦「斐迪南·馬克斯大公號」直接撞擊義大利主力艦「義大利國王號」，導致其沉沒，艦上400名水手罹難。此外，義軍另一艘戰艦「角力場號」遭炮火擊中後爆炸，最終義大利艦隊潰敗並撤退。

義大利在利薩海戰中的失敗，主要源於戰前情報不足、戰術錯誤與指揮不力。然而，這場海戰並未改變奧義戰爭的整體戰局，因為普魯士的勝利已經決定了最終的戰爭走向。

戰爭結束與影響

1866 年 8 月 10 日，奧地利與義大利簽訂停戰協議。同年 10 月 3 日，《維也納和約》正式簽署，奧地利將威尼托地區割讓給法國皇帝拿破崙三世，後者再將其轉交義大利王國。這場戰爭雖然義大利在戰場上遭遇挫折，但最終仍成功收復威尼托，完成國家統一的重要一步。

奧義戰爭的結果顯示出義大利民族運動的成功，也突顯了普魯士在歐洲政治格局中的崛起。義大利的統一雖然尚未完全實現（羅馬仍在教宗統治之下），但此戰無疑是義大利民族主義發展的重大里程碑。

60 古巴獨立戰爭（1868 ～ 1898）

戰略分析

孫子兵法強調「先勝後戰」，即在戰爭發動前應先確保內部團結、戰略規劃與資源動員。古巴獨立戰爭雖然展現了民族獨

60 古巴獨立戰爭（1868～1898）

立的決心，但前期（1868～1878年）的「十年戰爭」因內部分裂、軍事戰略不統一，最終被西班牙鎮壓。義軍雖然掌握游擊戰術優勢，但未能形成全國統一戰線，使西班牙得以逐步削弱革命勢力。這一點違背了孫子的「上下同欲者勝」，即內部團結對於勝利至關重要。

《戰爭論》指出「戰爭是政治的延續」，古巴解放軍在第二次獨立戰爭（1895～1898年）中展現出高度戰略意識，透過「西征戰役」將戰火擴展至全島，使西班牙軍隊陷入全面消耗。然而，美國的介入徹底改變了戰爭的走向，將原本的民族獨立戰爭轉化為美西戰爭，最終使古巴從西班牙殖民地轉變為美國的勢力範圍。這一轉折，正體現了克勞塞維茲所言「戰爭服從於政治目的」——古巴原本追求的民族獨立，最終被美國的地緣戰略所左右，致使軍事勝利未能完全兌現為政治自主。

孫子亦有言：「避其銳氣，擊其惰歸。」古巴解放軍靈活運用游擊戰術，掌握時間與地形優勢，趁西班牙軍隊疲於長期作戰之際發動攻勢，有效削弱對方戰力。然而，面對國際局勢的變化，他們無力阻止美國的強勢介入，使原本的戰果部分轉移至外部勢力之手。這也說明，民族獨立運動除了依賴軍事與戰略，更須應對複雜的國際權力結構與政治角力。古巴雖於戰後獲得名義上的獨立，實則長期處於美國影響之下，此役遂成為全球反殖民歷程中，一個民族獨立如何受制於大國政治賽局的重要案例。

第八部分：帝國主義時代的戰爭與殖民主義的衝突

戰爭背景

19世紀下半葉，古巴人民為了擺脫西班牙長達數世紀的殖民統治，展開了一場持續30年的獨立戰爭。

自16世紀初淪為西班牙殖民地以來，古巴一直是歐洲列強爭奪的重要戰略據點。殖民統治期間，當地居民不斷爆發反抗運動，19世紀末，民族獨立運動達到高峰，最終演變為長期武裝抗爭。這場戰爭可分為三個階段：**十年戰爭（1868～1878）**、**革命重組（1878～1895）**、**第二次獨立戰爭（1895～1898）**。

第一階段：十年戰爭（1868～1878）

1867年8月，古巴東部省份的愛國者祕密集會，策劃獨立起義，原訂1868年12月24日行動，但計畫被西班牙當局察覺，因此提前展開。

起義爆發與早期勝利

1868年10月10日，律師塞斯佩德斯（Carlos Manuel de Céspedes）在東方省亞拉地區的「德馬哈瓜」甘蔗園宣布起義，率部攻擊亞拉鎮。儘管初期戰事不順，但幾日內戰火迅速蔓延至巴亞莫、聖地牙哥、曼薩尼略等地。10月20日，起義軍成功攻占巴亞莫，並宣布成立「古巴島革命委員會」，塞斯佩德斯被推舉為臨時政府主席與軍事總司令，巴亞莫成為自由古巴的首都。

60 古巴獨立戰爭（1868～1898）

戰局發展與戰略轉變

起義爆發後，全島愛國者積極響應，但西班牙殖民當局迅速組織反擊，阻止戰火向西部蔓延。1869 年 1 月，巴亞莫失守，義軍被迫撤往鄉村展開游擊戰。同年 4 月，古巴臨時政府召開制憲會議，通過第一部憲法，塞斯佩德斯當選總統，代表著古巴民族獨立運動的正式制度化。

此後，戰爭轉為游擊戰，義軍以機動戰術打擊敵軍。1874 年 2 月，塞斯佩德斯在戰鬥中陣亡，由西斯內羅斯（Salvador Cisneros Betancourt）接任總統。1875 年，起義軍成功將戰線推向西部，但內部分歧與軍事危機導致局勢動盪。1877 年底，西班牙加強鎮壓，義軍傷亡慘重。1878 年 2 月，雙方簽訂《桑洪條約》，起義軍被迫停戰，部分革命者流亡海外，「十年戰爭」宣告結束。

第二階段：革命重組（1878～1895）

雖然「十年戰爭」失敗，但古巴的獨立運動並未終止，反而在海外持續發展。流亡美國的古巴革命者於 1879 年在紐約成立「古巴革命委員會」，積極籌措資金、購買武器，準備發動新一輪抗爭。

1880 年代，何塞·馬蒂（José Martí）成為古巴獨立運動的核心人物。他在美國、多明尼加、海地等地奔走，號召國內外

愛國者團結奮戰，並於 1892 年成立「古巴革命黨」，代表著革命運動的組織化與統一化。到 1894 年底，革命者在古巴內外完成組織協調，決定發動全島總起義。

第三階段：第二次獨立戰爭（1895～1898）

1895 年 2 月 24 日，古巴島內外革命組織協調後，決定發動全島總起義。東部地區戰事迅速推進，但西部戰線受到挫折。4 月，何塞・馬蒂與革命領袖馬克西莫・戈麥斯（Máximo Gómez）、安東尼奧・馬塞奧（Antonio Maceo）等人回國領導戰爭。5 月 19 日，馬蒂在雙河口戰役中不幸陣亡，但革命運動未因此停滯。

「西征」戰役與戰局擴大

1895 年 9 月，臨時政府在卡馬圭召開制憲會議，正式宣告古巴共和國成立。10 月至 12 月間，解放軍推進至哈瓦那，並於 1896 年 1 月 10 日抵達古巴最西端的曼圖亞鎮，成功完成「西征」，使獨立戰爭遍及全島。

西班牙殖民當局為扭轉局勢，實施殘酷鎮壓政策，包括搜捕革命領袖、強制平民集中營化等措施，但義軍透過游擊戰術持續作戰。1897 年 8 月，西班牙政府被迫與義軍談判，並於 11 月宣布古巴「自治」，但仍維持宗主國地位。解放軍拒絕妥協，決心戰鬥到底。

60 古巴獨立戰爭（1868～1898）

美國介入與戰爭結束

1898 年初，古巴解放軍已控制三分之二的國土，勝利在望。此時，美國藉口「保護美國公民與財產安全」，於 1 月 12 日派軍艦進入古巴。4 月 28 日，美國以「緊急干預」為由向西班牙宣戰，正式介入古巴戰爭，使獨立戰爭變質為美西戰爭。

1898 年 12 月，西班牙戰敗，與美國簽署《巴黎條約》，放棄對古巴的主權。然而，美國並未允許古巴完全獨立，而是於 1899 年對古巴進行軍事占領，直到 1902 年才允許古巴成立政府，但仍保有對古巴內政的重大影響力，使古巴「獨而不立」，換了一個宗主國。

戰爭影響與歷史意義

古巴獨立戰爭反映了 19 世紀末殖民地與宗主國間的矛盾，也展現了美國擴張主義的興起。戰爭雖然推翻了西班牙殖民統治，但古巴未能完全獨立，反而進入美國的勢力範圍，直到 20 世紀中葉才真正獲得自主權。

何塞．馬蒂等革命領袖在戰爭中提出的民族主義與反帝國主義思想，對後世古巴獨立運動產生深遠影響，也為後來的古巴革命奠定基礎。這場戰爭證明了殖民地人民爭取自由的決心，也揭示了大國政治對民族獨立運動的影響，成為全球反殖民運動的重要案例。

第八部分：帝國主義時代的戰爭與殖民主義的衝突

61 普法戰爭：歐洲勢力版圖的重塑

戰略分析

孫子兵法強調「知彼知己，百戰不殆」，而普魯士在普法戰爭中展現了極為出色的情報與戰略規劃。普魯士總參謀部透過情報蒐集、戰爭動員與後勤支援，使軍隊能夠迅速展開攻勢，並利用鐵路系統確保兵力優勢。相較之下，法國戰爭準備不足，情報失誤，錯誤評估普軍戰力，導致一開始的先制攻擊便以失敗告終，違背了「不戰而屈人之兵」的戰略原則。

《戰爭論》則強調「戰爭是政治的延續」，普魯士首相俾斯麥深知，單靠軍事勝利不足以達成政治目標，因此他透過「埃姆斯電報事件」引導法國發動戰爭，使普魯士獲得德意志諸邦支持，達成最終統一的戰略目標。這種誘敵入戰的策略符合孫子的「以正合，以奇勝」，即用正面戰術吸引敵人，然後透過奇謀取得決定性勝利。

此外，色當戰役的勝利展現了克勞塞維茲所提的「決定性戰役」概念。普軍透過包圍戰術癱瘓法軍，使拿破崙三世被迫投降，法國戰爭形勢急轉直下。這與孫子所言「善戰者，致人而不致於人」相呼應，即掌握戰場主導權，使敵人陷入無法挽回的局勢。

然而，普魯士的勝利也埋下了未來衝突的種子。《戰爭論》

61 普法戰爭：歐洲勢力版圖的重塑

指出，戰爭的結果應該有利於未來的和平，但普魯士的勝利帶來法國的復仇心理，使歐洲陷入更長遠的對立。德國吞併亞爾薩斯與洛林，未能安撫戰敗國，導致法德關係持續惡化，最終引發第一次世界大戰。這顯示出，過度追求「絕對戰爭」的勝利，反而可能帶來長期的不穩定，這是孫子「戰勝而不窮兵」的智慧所在。

綜合來看，普法戰爭展現了孫子兵法中「戰略準備、情報優勢、決定性戰役」的成功運用，但德國未能在政治層面妥善處理戰爭結果，使衝突未能轉化為持久和平，這正是《戰爭論》中「戰爭與政治互動」的深刻展現。

戰爭背景

1870 年至 1871 年，普魯士與法國爆發了一場規模龐大且影響深遠的戰爭 —— 普法戰爭。這場戰爭導致法蘭西第二帝國的崩潰，促成普魯士統一德意志並建立德意志帝國，同時也引發了巴黎公社革命，對歐洲的歷史發展產生了深遠影響。此外，普法戰爭的結果加深了德法兩國的敵對情緒，為日後的第一次世界大戰埋下了伏筆。

19 世紀中葉，歐洲的勢力版圖仍受 1815 年維也納會議決議的影響，德意志地區由奧地利主導的「德意志邦聯」統治。然而，普魯士透過一連串的軍事與外交行動，逐步鞏固其在德意

志的領導地位。1864 年，普魯士與奧地利聯手擊敗丹麥，取得石勒蘇益格和荷爾斯泰因兩地。但這場勝利也加深了普奧兩國的矛盾，最終導致 1866 年的普奧戰爭。戰爭結果使奧地利退出德意志事務，普魯士建立了「北德意志聯邦」，統轄 22 個邦國，奠定德意志統一的基礎。

然而，南德四邦──巴伐利亞、巴登、維爾騰堡和黑森－達姆施塔特仍保持獨立，並受到法國拿破崙三世的影響。法國擔憂德意志統一將威脅其在歐洲的霸權，因此積極阻撓普魯士的統一進程。這促使普魯士首相俾斯麥決心透過戰爭，解決與法國的矛盾，進一步統一德意志。

戰爭導火線與爆發

法國內部政治局勢不穩，拿破崙三世的軍事獨裁政策引發廣泛不滿，巴黎工人在國際社會主義運動的影響下日益活躍。為了轉移國內矛盾，拿破崙三世希望透過對外戰爭來穩固統治。此時，西班牙王位繼承問題成為普法戰爭的導火線。

1870 年，西班牙王位懸缺，普魯士王室的候選人利奧波德親王被提名為西班牙國王，法國擔憂此舉將導致普魯士與西班牙聯盟，削弱法國在歐洲的影響力。拿破崙三世要求普魯士國王威廉一世撤回提名，俾斯麥則利用「埃姆斯電報事件」，激怒法國，迫使其先行宣戰。1870 年 7 月 19 日，法國對普魯士宣戰，普法戰爭正式爆發。

61 普法戰爭：歐洲勢力版圖的重塑

戰爭進程

早期戰事：法軍節節敗退

法國計畫集中兵力發動先制攻擊，迅速占領普魯士領土，迫使南德四邦中立，進而擊敗普魯士。然而，法軍準備不足，動員緩慢，而普軍則憑藉完善的後勤與鐵路運輸系統，迅速集結兵力。

8月2日，法軍在薩爾布呂肯地區發動攻擊，但很快遭到普軍反擊。8月4日至6日，普軍在華特與斯比克倫大敗法軍，並開始向法國本土進軍。8月16日和18日，普軍在馬爾斯－拉圖爾與聖普里瓦擊敗法軍，迫使法軍主力退守美因茲要塞。拿破崙三世與麥克馬洪元帥率領的另一支法軍試圖援救美因茲，但行動遲緩，被普軍圍困於色當。

色當戰役：法軍決定性慘敗

1870年9月1日，色當戰役爆發，普軍以包圍戰術圍困法軍，切斷其退路。經過一日激戰，法軍數次突圍未果，最終拿破崙三世於9月2日率領8.3萬法軍投降。這場戰役奠定了普魯士的勝利，也導致法蘭西第二帝國的瓦解。9月4日，法國成立「國防政府」，宣布建立共和國，但戰爭並未結束。

第八部分：帝國主義時代的戰爭與殖民主義的衝突

普軍圍攻巴黎與戰爭結束

　　普軍並未就此停手，而是繼續向巴黎進軍。9月中旬，普軍包圍巴黎，法國國防政府組織軍隊與民兵抵抗，但內部意見分歧，投降派與抵抗派矛盾加劇。10月27日，巴贊元帥率17萬法軍在美因茲投降，普軍進一步鞏固戰略優勢。1871年1月28日，法國政府正式投降，簽訂《凡爾賽停戰協定》，普法戰爭結束。

戰爭後果與影響

德意志統一與德法矛盾加深

　　1871年1月18日，普魯士國王威廉一世在凡爾賽宮正式加冕，宣布德意志帝國成立，普魯士成功統一德意志，成為歐洲強權。然而，法國被迫割讓亞爾薩斯和洛林給德國，並支付50億法郎賠款，這加深了法國對德國的仇恨，成為日後法德矛盾的根源之一。

巴黎公社革命

　　普法戰爭引發法國社會的巨大動盪，巴黎市民對政府與德國議和的不滿情緒日益高漲，最終於1871年3月18日爆發起義，成立由市民與工人參與的巴黎公社，試圖推行自主治理。然而，這場運動在同年5月被法國政府軍與普魯士軍隊聯手鎮壓，導致大量參與者死亡或被流放。雖然巴黎公社存在時間短暫，

但其政治實驗與群眾動員在近代歷史上具有重要象徵意義，也成為後來政治運動與社會思潮的重要參考。

軍事與政治影響

普法戰爭的經驗顯示，普遍義務兵役制對建立強大軍隊至關重要；總參謀部的戰略指導能有效發揮軍事優勢；鐵路運輸與電報通訊在現代戰爭中扮演關鍵角色。此外，新式武器與軍事技術的進步，改變了戰爭模式，影響日後歐洲的軍事發展。

普法戰爭不僅改變了歐洲勢力版圖，也為20世紀的歐洲政治格局埋下伏筆。德法兩國的對立持續升溫，最終導致1914年爆發的第一次世界大戰，這場戰爭的影響延續至20世紀的國際關係。

62 英埃戰爭：埃及淪為英國殖民地的轉折點

戰略分析

1882年英埃戰爭象徵著埃及從半殖民地淪為英國的實質殖民地，戰爭起因於英國對蘇伊士運河的戰略控制，充分展現《孫子兵法》中「兵者，國之大事，死生之地，存亡之道，不可不察也」的核心思想。英國基於全球殖民利益，透過經濟滲透與軍事干涉控制埃及，而埃及軍民雖奮起反抗，卻因戰略失誤與內部

不穩而敗北。

從《戰爭論》角度分析，英軍的勝利來自「戰略集中原則」。英軍以優勢火力迅速摧毀埃及防禦體系，並利用情報戰與當地勢力分化敵軍。阿拉比的戰略失誤在於「錯誤預測敵軍行動」，未能有效部署防禦蘇伊士運河，使英軍輕易切斷埃及軍隊補給線，最終導致決戰失敗。

戰後，英國透過「政治戰」徹底掌控埃及，使其成為經濟附庸，證明了「先勝而後戰」的戰略價值。然而，此戰亦催生了埃及民族主義運動，最終促成 1952 年革命，驗證了「天下雖安，忘戰必危」的軍事警示。英埃戰爭成為近代殖民與抗爭的典型戰例，也為後世解殖運動提供了寶貴教訓。

戰爭背景

19 世紀後期，埃及因其地理位置的重要性成為歐洲列強爭奪的焦點。作為連接歐洲、亞洲與非洲的樞紐，埃及掌控著地中海與紅海之間的交通要道，尤其是蘇伊士運河，其戰略價值不言而喻。這條航道不僅是歐洲通往亞洲的捷徑，更是英國維繫印度殖民地的重要生命線。

自 16 世紀起，埃及淪為鄂圖曼帝國的屬地，但 19 世紀初，隨著穆罕默德・阿里（Muhammad Ali）崛起，埃及一度獲得相對自主權。阿里在政治、經濟、軍事等方面進行一系列改革，

62 英埃戰爭：埃及淪為英國殖民地的轉折點

使埃及短暫走上現代化之路。然而，隨著 1840 年《倫敦條約》的簽訂，埃及的獨立進程受阻，國內經濟日漸被英法資本勢力控制。

19 世紀中葉，英法兩國在埃及展開激烈競爭：

- ◆ **英國** 於 1851 年獲得修建亞歷山大至開羅鐵路的特許權。
- ◆ **法國** 於 1856 年取得蘇伊士運河的開鑿權，歷時十年完成建設，1869 年正式通航。

英國為了鞏固對運河的控制，於 1875 年收購埃及政府持有的蘇伊士運河股份（44%），進一步強化其在該地區的影響力。

英法控制下的埃及

隨著埃及財政危機加劇，1876 年，埃及政府宣告破產，英法趁機對埃及財政實行「雙重監督」：

- ◆ **英國** 負責管理收入。
- ◆ **法國** 負責掌控支出。

此舉進一步剝奪了埃及的經濟自主權，外國資本大量湧入，導致埃及經濟完全依附於英法資本主義勢力。1878 年，英法策劃成立「歐洲內閣」，總督淪為西方列強的傀儡，引發埃及民眾的不滿。

第八部分：帝國主義時代的戰爭與殖民主義的衝突

埃及民族運動的興起

1879 年，埃及的地主階層、知識分子與部分愛國軍官共同成立「祖國黨」(Al-Hizb al-Watani)，以穆罕默德・阿拉比 (Ahmed Urabi) 為領袖，提出以下訴求：

- ◈ 埃及應該獨立，擺脫英法控制。
- ◈ 反對外國勢力干預內政，廢除「歐洲內閣」。
- ◈ 擴大議會權力，建立更具代表性的政府。

在民族情緒高漲的情況下，總督伊斯邁爾被迫辭退外國官員，並允許國會發揮更大作用。然而，英國隨即施壓鄂圖曼帝國，強迫伊斯邁爾退位，改立其子杜菲克 (Tewfik) 為總督。杜菲克政府與英國關係密切，立即對「祖國黨」進行打壓，逮捕多名黨內成員，導致 1881 年 9 月阿拉比率軍發動起義。

英埃戰爭爆發

1882 年，阿拉比成功控制埃及政府，並擔任陸軍部長，宣布：

- ◈ 取消英法對埃及的「雙重監督」制度。
- ◈ 落實 1879 年憲法，擴大議會權力。
- ◈ 保護埃及資源，防止外國勢力侵犯。

這些舉措嚴重觸動英國利益，英國決定發動軍事干涉，以確保蘇伊士運河與整個埃及的控制權。

62 英埃戰爭：埃及淪為英國殖民地的轉折點

英軍進攻

1882年7月11日，英國派遣地中海分艦隊炮轟亞歷山大港：

- 艦隊規模：8艘裝甲艦、5艘砲艦、1艘驅逐艦。
- 火力配置：69門大口徑艦炮、88門中小口徑艦炮、70門「米特拉約茲」炮。
- 埃及防禦力量：僅7,500名士兵，工事簡陋。

埃及守軍奮勇抵抗，但最終不敵英軍猛烈炮火，港口失守，城市遭受嚴重破壞，超過2,000名軍民傷亡。英軍隨後登陸亞歷山大港，並展開掠奪。

埃及軍民的抗戰

阿拉比發表《告人民書》，號召全民抗英：

- 農民踴躍參軍，組成志願軍。
- 開羅等地爆發示威遊行，民眾高喊：「埃及屬於埃及人！」

7月28日，埃及軍隊在道瓦爾村戰役中擊退英軍，成功阻擋其北方攻勢。接下來的三週內，埃及軍多次挫敗英軍進攻，迫使英軍尋找新的突破口。

英軍轉向蘇伊士運河

阿拉比的戰略失誤在於：

- 過度強化開羅北部防線，忽視東部防禦。

- 誤信西方列強「蘇伊士運河中立承諾」，未部署足夠兵力防禦。

英軍察覺這一弱點，於 8 月 20 日大舉進攻蘇伊士運河，迅速占領塞得港等戰略要地，進而向開羅推進。

泰勒凱比爾決戰

1882 年 9 月 13 日，英軍與埃及軍隊在泰勒凱比爾（Tell El Kebir）展開決戰：

- 埃及軍民奮戰兩週，但終因寡不敵眾而潰敗。
- 英軍收買當地貝都因部落酋長，導致內部叛變。
- 9 月 15 日，英軍攻入開羅，埃及政府正式垮臺。

戰爭結果與影響

埃及淪為英國殖民地

英軍占領開羅後，迅速控制埃及全境。阿拉比等愛國將領被俘，大量軍民遭到鎮壓。英國雖對外聲稱其占領「只是暫時的」，但實際上：

- 英國駐埃及總領事貝林（Evelyn Baring）成為實際統治者，全面掌控埃及政權。
- 摧毀民族工業，鼓勵外資投資，使埃及經濟完全依附英國。
- 推行單一作物政策，擴大棉花種植，使埃及淪為英國紡織業的原料基地。

62 英埃戰爭：埃及淪為英國殖民地的轉折點

1914 年，英國正式宣布埃及為其保護國，直到 1952 年埃及革命，英國勢力才被徹底驅逐。

埃及抗英運動的持續

雖然英埃戰爭以埃及失敗告終，但埃及民族主義運動未曾停止：

◆ 1919 年，薩阿德・扎格盧爾領導「1919 年埃及革命」，要求獨立。

◆ 1922 年，英國被迫承認埃及「名義獨立」，但仍保持軍事與經濟控制。

◆ 1952 年，納賽爾革命推翻王室，徹底終結英國殖民統治。

殖民與反抗：英埃戰爭如何塑造埃及現代史

英埃戰爭是埃及現代史上的重要轉折點，它代表著埃及從半殖民地進一步淪為英國殖民地，也促使埃及民族主義運動的興起，最終導致 20 世紀的反帝獨立運動。

第八部分：帝國主義時代的戰爭與殖民主義的衝突

63 義大利－衣索比亞戰爭：非洲對抗殖民主義的里程

戰略分析

《孫子兵法》云：「知彼知己，百戰不殆。」衣索比亞在面對義大利的殖民入侵時，能夠充分利用情報優勢、地形優勢與軍事戰略，最終在阿杜瓦會戰（1896 年 3 月 1 日）取得決定性勝利，這是非洲歷史上首次擊敗歐洲殖民帝國的戰爭。這場戰爭的勝利不僅維護了衣索比亞的獨立，也對全球反殖民運動產生深遠影響。

義大利的殖民野心與衣索比亞的備戰

1. 歐洲瓜分非洲與義大利的擴張野心

19 世紀末，歐洲列強掀起瓜分非洲的狂潮：

- 英國控制埃及與蘇丹。
- 法國占領北非與西非。
- 德國入侵東非與西南非。

義大利作為新興帝國，殖民地有限：

- 1885 年獲得厄利垂亞、索馬利蘭，但未獲得理想的領土。
- 為確保對紅海貿易路線的控制，義大利企圖吞併衣索比亞。

2.《烏西亞利條約》的語言陷阱

1889年《烏西亞利條約》(*Treaty of Wuchale*)：

◈ 義大利版本：「衣索比亞外交事務必須依賴義大利」。

◈ 阿姆哈拉語版本：「衣索比亞可以向義大利尋求外交援助」。

◈ 義大利利用語言歧義，宣布衣索比亞為其保護國（1890年）。

◈ 麥納利克二世（Menelik II）拒絕承認條約，並於1893年正式廢止，決心與義大利一戰。

3. 衣索比亞的戰前準備

◈ 加強國內團結：

調停各地貴族爭端，建立中央集權國家。

◈ 建立現代化軍隊：

法國軍官訓練，將軍隊擴展至12萬人，並配備來自法國與俄國的現代化武器（如毛瑟步槍）。

◈ 獲取外援：

(1) 與俄國、法國密切合作，大量進口火炮與彈藥。

(2) **與英國談判**，確保英國在紅海地區的中立。

第八部分：帝國主義時代的戰爭與殖民主義的衝突

戰爭爆發與阿杜瓦決戰

1. 義大利的入侵

- 1894 年 7 月：義軍 1.4 萬人在將軍巴拉蒂埃里（Oreste Baratieri）指揮下進攻衣索比亞北部。

- 1895 年 12 月：義大利遠征軍發動 8 次進攻，但因補給困難與衣索比亞軍隊的頑強抵抗而受挫。

2. 衣索比亞的全民抗戰

- 1895 年 9 月 17 日，麥納利克二世發表「告全國人民書」：

    「我決心保衛我們的國家，給予敵人反擊，一切有力量的人跟我來吧……」

- 短時間內動員 12 萬軍隊，包括：

    (1) 1 萬名騎兵。

    (2) 精銳射擊部隊，配備法國與俄國製造的現代化步槍。

    (3) 當地農民與游擊隊，利用山地進行戰術騷擾。

3. 阿杜瓦會戰（1896 年 3 月 1 日）

（1）兵力對比

- 義軍：1.8 萬人（分成三個縱隊），配備現代化槍砲與機關槍。

- 衣索比亞軍：12 萬人，雖裝備較為落後，但人數占優，並熟悉地形。

（2）戰略分析

◈ 情報優勢：

衣索比亞軍事先偵查到義軍行動，提前設伏。

◈ 分割包圍戰術：

①麥納利克二世利用義軍縱隊間距離過大，採取逐個擊破。

②主攻義軍指揮官阿利別爾通（Albertone）的縱隊，成功將其殲滅。

◈ 側翼包抄：

騎兵部隊繞行敵後，破壞義軍後勤補給，使其陷入混亂。

（3）戰果

◈ 義軍傷亡 1.1 萬人，4,000 人被俘。

◈ 衣索比亞軍隊傷亡約 1 萬人，但成功擊敗義大利遠征軍。

戰爭結果與國際影響

1. 義大利的慘敗

1896 年 10 月 26 日，簽訂《阿迪斯阿貝巴條約》（*Treaty of Addis Ababa*）：

◈ 義大利承認衣索比亞完全獨立。

◈ 義大利支付 1,000 萬里拉戰爭賠款。

2. 對非洲與世界的影響

(1) 鼓舞非洲反殖民運動

- 埃及、蘇丹發動反英法抗爭。
- 烏干達、肯亞掀起反英抗戰。
- 1905 年坦尚尼亞「馬及馬及起義」反抗德國。

(2) 改變歐洲殖民政策

- 義大利遭受國內輿論譴責,殖民計畫受挫。
- 歐洲列強加強對殖民地的軍事控制,防止類似事件發生。

(3) 提升衣索比亞的國際地位

- 俄國、法國加強與衣索比亞的聯絡,視其為東北非洲的戰略夥伴。
- 英國重新評估非洲政策,防止義大利再次發動戰爭。

衣索比亞如何捍衛獨立並啟發非洲民族運動

1. 衣索比亞的戰略成功

- 團結全國:麥納利克二世成功穩定內部勢力,確保全國上下齊心抗敵。
- 靈活戰術:利用情報優勢、分割包圍戰術、側翼包抄,重創義軍。

◆ 國際外交：成功獲得俄國、法國軍事支援，並確保英國不介入。

2. 阿杜瓦的勝利對世界的影響

◆ 非洲歷史上的重要里程碑：證明非洲國家可以擊敗歐洲殖民帝國，打破殖民者「不可戰勝」的神話。

◆ 全球反殖民運動的象徵：20 世紀非洲民族獨立運動的啟發，成為象徵性的反抗勝利。

結論：阿杜瓦戰役的歷史意義

阿杜瓦戰役不僅是非洲歷史上最偉大的戰爭勝利之一，更是全球反殖民運動的先聲。衣索比亞透過戰略智慧、團結國家與靈活戰術，成功抵禦列強侵略，為日後的非洲民族獨立運動奠定基礎。阿杜瓦的勝利，向全世界證明：即使面對強大的殖民勢力，透過正確的戰略與強大的民族意志，仍然能夠取得勝利。

64 菲律賓獨立戰爭：反殖民與民族覺醒

戰略分析

菲律賓獨立戰爭（1896～1902 年）是亞洲反殖民運動的先驅戰爭，展現了《孫子兵法》中「上下同欲者勝」的精神，菲律

賓人民在長達三百多年的殖民壓迫下,終於爆發大規模獨立運動。然而,菲律賓革命內部分裂,加上外部勢力的干預,使得獨立進程充滿曲折,最終仍未能擺脫強權控制。

從《戰爭論》的角度看,此戰展現了「戰爭是政治的延續」。起初,菲律賓革命軍成功利用游擊戰術,迅速控制呂宋等地區,迫使西班牙政府妥協。然而,美西戰爭後,美國取代西班牙成為新的殖民統治者,導致戰爭形勢發生根本性變化。阿奎那多未能及時調整戰略,低估美軍的軍事能力,導致菲律賓最終失敗。

雖然戰爭以菲律賓戰敗告終,但民族意識的覺醒成為關鍵遺產。正如《孫子兵法》所言:「故三軍可奪氣,將軍可奪心。」菲律賓人民透過這場戰爭建立了民族認同,並為後續的獨立運動奠定基礎。最終,菲律賓在1946年正式獨立,這場戰爭雖未能立刻成功,卻成為亞洲反殖民運動的重要里程碑。

殖民統治與民族意識的萌芽

菲律賓獨立戰爭(1896〜1902年)是菲律賓人民為擺脫西班牙殖民統治、爭取民族自主,並抵抗美國接管的關鍵歷史事件。這場戰爭象徵著亞洲地區首次大規模的現代民族獨立運動之一。經過多年激烈抗爭,菲律賓成功推翻了長達三百多年的西班牙統治,雖然最終未能阻止美國的接管,但這場運動為日後的民族獨立運動奠定了堅實基礎。然而,在1898年美西戰爭

後,美國與西班牙簽訂《巴黎條約》,西班牙將菲律賓轉讓給美國,使菲律賓的獨立運動遭遇新一波挑戰。儘管如此,這場戰爭極大地喚醒了菲律賓人民的民族意識,並揭開了 20 世紀初亞洲民族民主革命的序幕。

自 1565 年西班牙殖民菲律賓以來,當地人民不斷展開反抗運動。在三百年間,平均每年發生五次以上的起義,其中較大規模的起義多達 102 次。1873 年甲米地起義更進一步喚醒了民族意識。1892 年 7 月,安德列斯・波尼法秀(Andrés Bonifacio)成立了「卡蒂普南」(Katipunan),全名為「民族兒女至尊協會」,該組織雖帶有宗教色彩,但首次明確提出透過軍備實現民族獨立。波尼法秀及其同志哈辛托(Emilio Jacinto)將「卡蒂普南」作為革命核心,並創辦地下刊物《自由報》宣傳反殖民理念。組織積極吸收工人、農民、職員、士兵及知識分子,至 1896 年,會員已達三萬人,支持者數十萬。

戰爭的爆發與階段發展

1895 年底,「卡蒂普南」在聖馬特奧山洞召開歷史性會議,決定發動武裝起義,並提出「菲律賓獨立萬歲」的口號。組織迅速籌措軍備,甚至與日本簽訂購買十萬支槍與大砲的協議。1896 年 8 月,「卡蒂普南」召開第五屆最高委員會,建立革命領導機構。不料,西班牙當局發現起義計畫,立即進行鎮壓。8 月

23日,「卡蒂普南」在馬尼拉近郊召開緊急會議,決定提前發動武裝起義。

第一階段(1896年8月至1897年12月)

8月26日,菲律賓人民高舉「不戰勝毋寧死」的旗幟,爆發全國性的起義。巴林塔瓦克、呂宋、棉蘭老和蘇祿等地紛紛響應,起義中心主要在呂宋島。艾米利奧·阿奎那多(Emilio Aguinaldo)在甲米地發動起義,並於9月擊潰西班牙軍隊,占領甲米地全境。到11月,起義軍更成功擊退西班牙增援部隊,幾乎控制整個呂宋島,並包圍馬尼拉。然而,隨著西班牙當局增援三萬六千名士兵,並改派總督波拉維夏(Camilo de Polavieja)強化鎮壓,菲律賓革命逐漸遭遇挫折。

第二階段(1897年至1898年)

1897年2月,西班牙軍隊對甲米地發動大規模進攻,起義軍奮起抵抗,但因軍力懸殊而逐步失利。5月10日,革命內部發生分裂,阿奎那多在政爭中處決波尼法秀,並掌握革命領導權。「卡蒂普南」被取消,導致革命陣營大受削弱。11月,阿奎那多與西班牙政府簽訂《破石洞條約》,以80萬披索換取投降,並流亡香港。儘管如此,部分起義將領,如馬卡布洛斯(Macabulos)等,仍繼續抗爭。

64 菲律賓獨立戰爭：反殖民與民族覺醒

美西戰爭與菲律賓獨立

1898年，美國為爭奪西班牙的殖民地發動美西戰爭。5月，美軍在馬尼拉灣殲滅西班牙艦隊。阿奎那多趁機回國，號召菲律賓軍隊反擊，成功攻占甲米地及多數領土。6月12日，阿奎那多在甲米地發表《獨立宣言》，正式宣布菲律賓獨立，並成立中央政府。至8月，除馬尼拉及南部部分地區外，菲軍幾乎解放全境。然而，美國與西班牙在私下達成協議，由美軍接管馬尼拉，迫使菲律賓軍隊撤離。

1899年1月，菲律賓正式通過憲法，成立「菲律賓共和國」，阿奎那多擔任總統，馬比尼（Apolinario Mabini）為內閣主席。然而，獨立尚未鞏固，美國隨即展開全面侵略。

抵抗美國侵略與戰爭結束

1899年2月4日，美軍在馬尼拉郊區突襲菲軍，次日菲律賓共和國向美國宣戰，菲美戰爭正式爆發。菲軍民展開正規戰與游擊戰，頑強抵抗。三年間，菲律賓軍民擊斃近萬名美軍。然而，1901年3月，菲律賓最後的首都帕拉南失陷，阿奎那多被俘並投降，菲律賓共和國瓦解。1902年7月4日，美國總督亞瑟·麥克阿瑟（Arthur MacArthur）宣布菲美戰爭結束，但菲律賓人民的抗爭並未止息。1903年至1908年間，菲律賓各地仍爆發超過50次武裝起義。

第八部分：帝國主義時代的戰爭與殖民主義的衝突

戰爭影響與歷史評價

　　菲律賓獨立戰爭的失敗，主要由於西班牙與美國的強大軍事壓力、菲律賓革命內部的分裂，以及缺乏國際支援。然而，這場戰爭極大地提升了菲律賓民族意識，並為後續的獨立運動奠定基礎。最終，菲律賓在 1946 年才正式獲得獨立。這場戰爭的犧牲與精神，至今仍是菲律賓人民爭取自由與主權的重要歷史記憶。

64 菲律賓獨立戰爭：反殖民與民族覺醒

國家圖書館出版品預行編目資料

戰火與帝國：歷史上的關鍵戰役 / 林靖遠 著. -- 第一版 . -- 臺北市：複刻文化事業有限公司，2025.06
面； 公分
POD 版
ISBN 978-626-428-149-2(平裝)
1.CST: 戰役 2.CST: 戰史
592.91　　　　　　114007126

戰火與帝國：歷史上的關鍵戰役

作　　　者：林靖遠
發　行　人：黃振庭
出　版　者：複刻文化事業有限公司
發　行　者：崧燁文化事業有限公司
E - m a i l：sonbookservice@gmail.com
粉　絲　頁：https://www.facebook.com/sonbookss/
網　　　址：https://sonbook.net/
地　　　址：台北市中正區重慶南路一段 61 號 8 樓
8F., No.61, Sec. 1, Chongqing S. Rd., Zhongzheng Dist., Taipei City 100, Taiwan
電　　　話：(02) 2370-3310　　傳　　　真：(02) 2388-1990
印　　　刷：京峯數位服務有限公司
律師顧問：廣華律師事務所 張珮琦律師

-版權聲明

本書作者使用 AI 協作，若有其他相關權利及授權需求請與本公司聯繫。
未經書面許可，不可複製、發行。

定　　　價：420 元
發行日期：2025 年 06 月第一版
◎本書以 POD 印製
Design Assets from Freepik.com